システムデザイン・マネジメントとは何か

慶應義塾大学大学院システムデザイン・マネジメント研究科 編

慶應義塾大学出版会

はじめに

本書は，システムデザイン・マネジメントとは何か，また，慶應義塾大学大学院システムデザイン・マネジメント研究科（慶應SDM）とは何か，について説明するための書籍である。

慶應SDMとは，慶應義塾創立150年の2008年に設立された大学院である。学問分野横断的にさまざまな課題をシステムとして解決できる人材を育成するとともに，実際に課題解決を行なうことを目的としている。「システムとして解決する」とは「木を見て森も見る」である。すなわち，あらゆる物事や人々の関係性を考慮して，全体を俯瞰しつつ，詳細まで確実にデザインする，という意味である。対象とする分野は，科学技術システムから，政治システム，経済システム，経営システム，コミュニティシステム，人間システムと幅広く，環境問題，安全・安心の問題，医療・福祉の問題，政治・外交の問題，教育の問題など，あらゆる問題の解決をめざしている。

学問の基盤は，「システムズエンジニアリング」，「システム×デザイン思考」，「プロジェクトマネジメント」の3本柱である。詳細は本文を参照されたい。

慶應SDMは，修士課程と博士課程からなり，修了者はそれぞれ，システムデザイン・マネジメント学およびシステムエンジニアリング学の学位を得ることができる。1学年の定員は，修士課程が77名，博士課程が11名である。学生は，新卒学生から社会人学生まで，また文系から理系まで，出身も国内外と多様である。春入学は基本的に日本語コース，秋入学は基本的に英語コースとなっており，英語の授業と研究指導のみで修了することもできる。働きながら学ぶ社会人のために，平日夜の授業や，土曜の朝から夕方までの授業を用意している。また，eラーニングシステムによる学習も可能である。

専任教員は，次ページに示す12名で構成されている（2016年9月現在）。このほかに，客員教員，特別招聘教員，特任教員として，各界の第一線で活躍している人材の授業や研究指導も受けられる体制を維持している。

ある修了生の言葉が印象的である。普通の大学院に行くと，「なりたい自分」になれる。しかし，慶應 SDM に行くと，「思いもよらない自分」になれる。多様な者がともに学び，ともに教える雰囲気の中から，当初学びたいと思っていたこと以上のことを学べる大学院。それが，イノベーションの学校，システムデザイン・マネジメント研究科である。

専任教員の顔ぶれ

西村　秀和
研究科委員長
教授

◆**専門分野**
モデルベースシステムズエンジニアリング（MBSE），システム安全，制御システム設計，ユニバーサルデザイン，環境共生システムデザイン

執筆項目
第2章「2元V字モデル」「モデル」「MBSE」「システム解析」，第3章「システムアーキテクティングとインテグレーション」「モデル駆動型システム開発の基礎」，第4章「自動運転車を取り巻くSystem of Systemsの安全性を考える」，第5章「母国でMBSE，SysMLを推進」「システムズエンジニアリングを浸透させる立場に」

五百木　誠
准教授

◆**専門分野**
システムズエンジニアリングをベースとしたシステムデザイン全般（人工衛星システム，高信頼度システム，社会システム），イノベーティブデザイン

執筆項目
第3章「デザインプロジェクト」，第4章「大規模システムのレジリエンス」

小木　哲朗
教授

◆**専門分野**
ヒューマンインタフェース，バーチャルリアリティ，臨場感コミュニケーション，ビジュアルシミュレーション

執筆項目
第2章「シミュレーション」「ビジュアリゼーション」「ヒューマンインタフェース」，第3章「システムのモデリングとシミュレーション」「バーチャルデザイン論」，第4章「高齢者ドライバーの安全運転力向上」「デジタルミュージアム・プロジェクト」，第5章「文系・理系を超えたヒューマンインタフェース研究」「システムデザインという視点で医療問題を考える」

神武　直彦
教授

◆専門分野
宇宙システムからスポーツや街づくりまで社会技術システムのデザインとマネジメント，イノベーション，空間情報科学，データサイエンス，国際連携

執筆項目
第３章「システムの評価と検証」「システムデザイン・マネジメント実習」，第４章「社会課題解決型宇宙人材育成プログラム」「オープンデータを活用した地域課題解決プロジェクト」，第５章「ユーザの真のニーズをイラストで可視化」

白坂　成功
教授

◆専門分野
システムズエンジニアリング，イノベーション，イノベーティブデザイン，コンセプト工学，モデルベース開発，宇宙システム工学，システムアシュアランス／機能安全，標準化など

執筆項目
第２章「システムズエンジニアリング」「V 字モデル」「アーキテクティング」，第３章「システムデザイン・マネジメント序論」，第４章「ソーシャルキャピタルの成熟度モデル」

高野　研一
教授

◆専門分野
大規模技術システムにおけるリスクマネジメントとヒューマンファクター，事故低減のための安全文化醸成，組織文化改善による企業業績向上，創発訓練によるイノベーション推進など

執筆項目
第２章「リスクマネジメント」，第３章「創造的意思決定論」，第４章「家族関係の強化によるワークライフバランスの改善提案」

谷口　智彦
教授

◆専門分野
国際政治経済学（通貨体制，金融システム），日本外交，パブリックディプロマシー

執筆項目

谷口　尚子
准教授

◆専門分野
政治学（政治過程論，政策・選挙分析，政治意識・行動分析），社会心理学（社会意識や価値観の分析，国際比較），社会科学方法論（社会調査，実験），統計解析

執筆項目
第４章「オンラインゲーム実験で考える政治システムデザイン」，コラム「私たちを幸福にする社会・政治システムのデザイン」

当麻　哲哉
教授

◆専門分野
コミュニティ（とくに医療・教育・地域など）のためのコミュニケーションデザインと，プログラム&プロジェクトマネジメント

執筆項目
第２章「マネジメント」，第３章「プロジェクトマネジメント」，第４章「次世代医療・医学教育への取り組み」

中野　冠
教授

◆**専門分野**
ものづくり企業のシステムとビジネスプロセスのデザイン，持続可能社会のデザイン，マーケティング，イノベーション，社会・ビジネスゲーム

執筆項目
第2章「持続可能なシステム」「ゲーミフィケーション」，第3章「環境システム論」「交換留学制度」「修士論文・博士論文」，第4章「エネルギーセキュリティ」「自動車環境政策」，第5章「留学・研究経験を活かして研究者として活躍」「環境問題で母国と日本の架け橋に」

春山真一郎
教授

◆**専門分野**
人と人をつなぐ新しいコミュニケーションシステム，可視光通信システム，位置情報サービス，マンマシンインタフェース，アントレプレナーシップ

執筆項目
第3章「バーチャルデザイン論」，第4章「列車通信および列車サービス」

前野　隆司
教授

◆**専門分野**
人間システムデザイン（社会・コミュニティ，教育，地域活性化，ヒューマンインタフェース，認知科学・哲学など）

執筆項目
第1章，第2章「システム」「デザイン」「システムデザイン・マネジメント」「システム×デザイン思考」「システミックとシステマティック」「社会システムデザイン」，第3章「システムの科学と哲学」，第4章「コミュニティ支援型農業（CSA）の研究」「欲求連鎖分析の開発」「システムとしての幸福学研究」，第5章「SDMの学びを活かして新規事業を推進」「SDMの思考体系を武器に復興に挑む」「SDM学を経営に活かす」

目次

第 1 章

いま，技術・社会の何が問題なのか？

この章では，慶應 SDM が必要とされる技術的・社会的背景について述べる。また，技術課題・社会課題に対して慶應 SDM ではいかにして俯瞰的問題解決を行なうかについて述べる。

1.1 単一ディシプリンの限界

宇宙ステーション，航空機，自動車，原子力発電所，クリーンエネルギー，コンピュータ，クラウドコンピューティング，ビッグデータ，ロボット，医療・福祉技術，IoT。あらゆる科学技術が大規模・複雑化するとともに，他のシステムとの相互依存関係が進展し，単一のディシプリン（学問分野）だけでは問題解決が困難な現代社会。

たとえば，ロボットを設計しようとする場合，ネットワークに適切に接続されていて，社会の役に立ち，倫理的にも問題が生じないようなロボットを設計することは，機械工学や情報工学を学んだだけでは困難である。このような問題を解決するためには，多様な者が，学問分野の枠を超えて，ともに協力し，問題解決を行なう必要がある。また，そのための学問基盤を構築するとともに，それを人々に伝える必要がある。

慶應義塾大学大学院システムデザイン・マネジメント研究科（慶應SDM）では，そのために，システムズエンジニアリング，システム×デザイン思考，プロジェクトマネジメントを学問基盤として，学問分野横断的な問題解決とそのための教育を行なっている。システムズエンジニアリング，システム×デザイン思考，プロジェクトマネジメントの詳細については第2章で述べる。慶應SDMでは，科学技術の問題を対象にするのみならず，それらの社会への影響や，社会におけるさまざまな問題をもその学問の射程にとらえている。そこで，以下では，現代社会全般において何が問題なのかを考えてみよう。

1.2 現代は大転換時代である

少子高齢化，国際競争力の低下，縦割り組織の弊害，外交問題，震災などの災害対策の問題，格差拡大や福祉の問題など，国内外にはさまざまな問題があふれている。では，なぜこのような問題が生じたのであろうか。さまざまな要因が考えられるが，まずはマクロな文明史的視点に立ってみたい。すなわち，地球規模の空間スケール，数千年単位の時間スケールで問題を俯瞰してみよう。

現代とは大転換時代である，と考えてみよう。歴史を俯瞰的にとらえれば，現代とは，農耕革命，産業革命に匹敵する，情報革命という大転換の夜明けとみなすべき時代なのではないかと考えるのである。

情報革命ないしはIT革命は，使い古された言葉とお感じの方もおられるかもしれない。実際，IT革命という単語は2000年の新語・流行語大賞を受賞しているから，もはやかなり前の言葉である。しかし，紀元前数千年に農耕革命が起きてから数千年，18世紀に産業革命が起きてから数百年かけて社会構造が大きく変化したのと同様，情報革命（IT革命）は現在も進行中とみなすべきではないだろうか。さらにいえば，情報革命に基づく社会変化はこれから本格化すると見るべきではないだろうか。

では，情報革命とは何か。コンピュータができ，インターネットが進展し，パソコンやスマホが便利になり，SNS（ソーシャルネットワーキングサービス）で大量の情報が行き交う時代。企業や省庁の情報管理がシステム化され，効率化される時代。市民生活に便利な情報がもたらされる時代。これが現段階である。

今後は，この流れがあらゆるモノと人に及ぶ。家電も自動車も医療情報も学校も，集中型のエネルギーも分散型のエネルギーも，あらゆるモノと情報とエネルギーがつながる時代。人々の脳と機械もつながり，思考も情動も生きがいもつながる時代。世界中の人のあらゆる情報が必要なら必要なだけつながり，大量の情報はそれなりに整理され，分析・統合され，必要なだけ取り出せる時代。都市のあり方も，人の生き方も，国家や民族のあり方も，文化も文明も，現代とはちがってしまう時代。いまから100年くらいかけて，世界の構造が抜本的に変わる時代が目の前に来ている，ととらえるべきではないだろうか。

テレビを見て電話を使い車に乗っているという意味では，数十年前といまの生活はさほど変わらない。だから，数十年後もそんなに変わらないのではないか。そうお思いの方もおられるだろう。しかし，農耕革命の前後，産業革命の前後を考えてみていただきたい。時代は大きく変わった。農耕革命前は狩猟・採集の時代である。人々は獲物と果実を求めてさまよい歩いた。一方，農耕・牧畜が開発された後には，人々は定住し，人が増え，富が蓄積され，村ができ，町ができ，都市ができ，貨幣経済ができた。産業革命の後には，人々は大企業をつくり，都市化を加速し，国家規模を拡大し，貨幣経済を複雑化させ，大人数の知によりさらに科学技術の進歩を加速させ，高度な製品群をつくった。もちろん，コンピュータとインターネットも。

それでも，人々は，食事をし，団欒をし，仕事をし，恋愛をし，人を育てるという意味では，昔と変わっていないともいえるかもしれない。情報革命後も，そういう意味での基本は変わらないだろう。しかし，つながり方の質と量が圧倒的に変わるのである。

1.3 ネットワークの時代とは何か

未来図は置いておくとして，では，大きな時代の流れの中で，いま何が起きているのだろうか。

インターネットに端を発するネットワークの時代，ロングテールの時代，スモールワールドの時代，草の根がつながるボトムアップの時代，社会貢献・社会企業・利他の時代，といった現代的キーワードがヒントになる。

ネットワークの時代とは，読んで字のごとく，情報通信ネットワークが整備されるという意味と，それを介した人々のネットワーク，ないしは情報のネットワークが高度化するという意味を表わす。

ロングテールとは，たとえば本屋には置いておけないようなニッチな本も，インターネットではわずかながら売れることを表わす。リアルの商店では切り捨てられていた個性あふれる大量な製品群が，インターネット社会では，売れる数は少なくても生き残れることを表わしている。売れる数は少ないと書いたが，たしかに一製品を見ると微々たる売上げかもしれない。しかし，さまざまな分野のさまざまな製品が，世界中のさまざまなニーズに合致して売れていくのである。すべてを足すときわめて大きな市場になる。規格型大量生産時代とは異なる，大規模少量生産の極限のような大市場が出現したのである。

スモールワールドとは，ネットワーク社会では，知り合いの知り合いの知り合いの…と6人もたどれば，世界中の人とつながるというミルグラムの研究に端を発した考え方である。世界は思いのほか小さい。人々は思いのほかつながっている。

草の根がつながるボトムアップ時代のいい例は，各国の市民運動にツイッターやフェイスブックなどのSNSが貢献していることである。チュニジアからエジプトに飛び火した民衆による体制転覆運動で，ツイッターとフェイスブックが市民の情報伝達に重要な役割を果たしたことは記憶に新しい。

社会貢献・社会企業・利他の隆盛も，つながりにドライブされる。ソーシャルキャピタル（社会関係資本）という概念がある。社会でのネットワークや信頼関係，価値観の尺度であり，地域組織や団体での活動の頻度，投票率，ボランティア活動，友人や知人とのつながり，社会への信頼度などを指標として測ることができる。企業にも，営利だけを目的にするのではなく，社会問題の解決を第一目的にしたソーシャルビジネス（社会的企業）が出現している。BOT（ベースオブザピラミッドまたはボトムオブザピラミッド；貧富の階級の最貧困層という意味）という概念も，ネットワーク化された社会を介して貧困層にビジネスがリーチできる時代が来たことを表わしている。現代とは，個人も企業も利他的な行動をとりたいと思う者が増えていると実感される時代である。推測だが，利他的な人の数が増えたというよりも，情報革命により多様なネットワークが整備されはじめたことにより，利他的な行動をとりやすくなったということだろうと思われる。草の根の政治行動をとりやすくなったのと同根である。

前述の現代的キーワードは呼応しあう。多様な者が多様につながることのできる，いや，つながらざるをえないがゆえに起きはじめているパラダイムシフトである。すなわち，あらゆるものごとが大規模・複雑化し，互いに影響しあうために，要素だけを取り出して問題解決することはもはや困難な時代である。あらゆるイシューが，複雑にもつれ合った大量の糸のように巨大なネットワーク構造になって関係しあうグローバル時代である。

1.4 ボトムアップとトップダウンの綱引きがつづく

世界中の人々が，ボトムアップにさまざまな行動を起こし，さまざまにつながりあえるさまを強調してきた。これはまちがいなく大きなうねりである。では，それだけで時代の変化は説明できるのであろうか。

この大きなうねりと，対抗するもう一つの大きな力の綱引きがつづく，というのがこれからの時代の基本であろう。もう一つの力とは，現状維持勢力ないしはそれを利用する勢力である。現状維持勢力というと，改革に反対する抵抗勢力という印象をもたれるかもしれないが，必ずしも悪者ではない。行き過ぎた変化に抵抗し，伝統的なあり方を残そうとする勢力であり，こちらにも大義はあるから，一般に拮抗する。

また，改革派は必ずボトムアップ型であり，保守派は必ずトップダウン型である，というわけではない。これは，世界を単純化したモデルである。これですべての詳細を説明しつくすということではなく，世界に起きていることを全体像として抽象的・俯瞰的につかむためのモデルである。そのような，詳細を無視したモデルは，詳細の分析をしている方には学問的価値が見えにくいかもしれないが，全体統合型学問システムデザイン・マネジメント学においては有益と考える。さて，ボトムアップとトップダウンのせめぎ合いモデルについて説明しよう。

現代をマクロな視点から単純図式化すると，ボトムアップ型のネットワーク化社会の進展と，トップダウン型の従来規範の揺れ戻しという２つの大きな力のせめぎ合いとしてとらえることができる，というのが本モデルである。

世界がボトムアップにつながるネットワーク化の大きなうねりと，それにあらがうトップダウンの統治や，民族主義，国家主義のような従来型規範のせめぎ合い。しかし，時代の流れには逆らえない。綱引きの一進一退が繰り返されながらも，しだいにネットワーク化・グローバル化の流れが時代を変革していく。これが，今後100年間に生じる時代変化と考えられるのではないだろうか。

さて，上記の文脈のなかで，最初に棚上げした日本の問題を眺めてみよう。日本が直面する多くの問題は，大きな時代の流れにより説明できる。以下に，産業，政治，外交から，災害やグローバルイシューまで，日本のさまざまな問題をネットワーク化と揺り戻しという図式で眺めてみよう。

1.4.1　産業構造

産業の中核は，ものづくりから，ことづくりやサービスシステムの構築へと大きく転換しているといわれる。統計データもそれを裏づけている。情報革命のなかでもデジタル化は，部品をデジタル技術でつくれる時代をもたらした。その結果，摺り合わせによりつくり方のノウハウをため込むことよりも，世界中に散らばっているさまざまな知恵や技術を適切につなぎ合わせて使うことのほうが競争優位に立つような時代がやってきた。まさにネットワーク時代の帰結である。一方，日本でも地道に強みを保っている業界がある。たとえば，素材産業。こちらの勢力は新しい動きに対する抵抗勢力というわけではないが，従来型のやり方で成功しているという意味で対抗勢力である。

1.4.2　政治

政治は，イデオロギー対立や政治家と官僚の関係といった単純図式から，多様なステークホルダーの多様な価値が絡み合う複合的価値共創へと転換しつつあるのではないだろうか。日本に二大政党制が根づかないのは政治的未熟のせいだといわれて久しい。たしかに日本には西洋近代流の二項対立図式がそぐわないためか，政党の離合集散がつづき，衆議院の小選挙区下でも二大政党制には向かいにくい。しかし，もはやこれは日本の特殊事情ではなく，二大政党制の限界は諸外国でも露呈されつつあるように思われる。これは，社会が，資本家と労働者といった単純な利害対立図式では描けない多様社会の様相を呈しつつあることに起因しているのではないだろうか。ネットワーク社会では多様性が維持されるばかりか，拡大再生産される。国境も越える。人々は多様化し，人々の利害は複雑化し，ネットワーク状の情報交換も進む。それを保守と革新に二分しようというトップダウン的発想だけでは政治を語れなくなりつつある。とはいえ，従来型勢力の揺り戻しもある。保守派や民族主義の台頭がその一例である。

1.4.3 外交・防衛

外交・防衛においても，国家間パワーバランスの変化に伴い，全体理念・ビジョンと戦略・戦術・戦法の関係を俯瞰的視点から再構築すべき時代が訪れつつあるように思われる。新興国が世界とつながることにより力を増している。今後はこれまでのようには順調に発展しないだろうという予想も根強いが，仮に順調でないにしても新興国の成長はつづく。よって，国家間のパワーバランスは必ず大きく変化する。アメリカは世界の警察ではなくなり，極論すれば地球は軍事的無法地帯となる可能性もないとはいえない。もちろん，ボトムアップの民衆運動も進むだろう。紛争もつづく。国家統治のレベルでは，古い者も容易には退出しないから，変革の直後には長く不安定な争乱時代がやってくる可能性がある。国家主義，民族主義，保守主義といった揺れ戻しは，今後も長くつづくであろう。混乱がつづく以上，日本においても，国を守らなければならないというトップダウン志向は力を保ち，ボトムアップ志向との綱引きがつづくであろう。

1.4.4 組織構造

追いつけ追い越せの時代には有効であったあらゆる組織の縦割り構造を，企業，省庁から学校，病院，コミュニティまで，見直すべき時代がやってきた。産業革命以来，効率的な組織とはピラミッド状の統治であった。いかに完璧に役割分担と統治がデザインされた巨大な縦割り組織をつくるか――これが効率的高品質高度少品種生産のための最適解であった。もちろん，生産されるのは工業製品ばかりではない。省庁では縦割り型の政策が，学校では均一品質の人間が，型枠どおりに拡大再生産を繰り返したことはご承知のとおりである。しかし，ネットワーク時代には縦割り組織は弊害ともなる。大規模化よりも個別化，組織ごとの独自の進歩よりも他との協力，縦割りよりも横串しやネットワーク化と，オープンイノベーションが効果を発する方向に，時代はシフトする。

1.4.5　産業政策

TPPの議論が象徴的に示すように，産業の競争と保護の関係をも見直すべきときがきている。保護されてきた人が急に荒波にもまれることの大変さはよくわかる。自由化が進展すれば，当初は打撃が必至である。痛みを伴わず，きれいにソフトランディングできる改革などない。しかし，大きな時代の流れには逆らいがたい。一時期は揺り戻して対抗できたように見えても，寄せては引く波に砂の堤防をつくるがごときである。時代の波には逆らえない。グローバル化とネットワーク化は確実に進展する。押し寄せる波が小さかった17世紀とちがって，こんどは鎖国というわけにはいかない。赤い水と青い水を混ぜると紫色になるように，マクロに見ると，世界全体の均一化は進展していく。もちろん，輸出用の農作物に対して補助金を出すといったように，新しい形の補助は可能である。いずれにせよ，時代変化を俯瞰的に見据え，小手先の介入ではなく，抜本的な制度再設計が必要となっている。

1.4.6　繁栄の指標

ブータン国王の「国民総生産から国民総幸福量へ」という方針が脚光を浴びて久しい。この例をあげるまでもなく，経済成長のみならず心の豊かさや幸福をも指標として経済活動を俯瞰すべき時代がやってきた。戦後，日本のGDPは何倍にもなったが，主観的幸福度（あなたは幸せですか，というアンケートへの答えの平均値）はほとんど変わっていない。物質的な豊かさよりも心の豊かさを求める人のほうが多くなって久しいが，心の豊かさは必ずしも向上していないのである。これに対処することが急務である。人はどうすれば幸福になれるのか，という古来の普遍的命題を，皆で考えるべきときなのである。しかし，対抗勢力は残念ながら巨大である。いまもなお根強い，経済的発展こそが最も重要だという発想。一人ひとりの人間は欲に従って利己的であっていい，という近代西洋が築いてきた価値観。これらの価値観自体の見直しを検討すべき時代がやってきたのではないだろうか。

1.4.7　災害・安全対策

東日本大震災で思い知らされたことは，この世界では想定外のことが起こるという現実である。日本の安全対策は，「絶対に事故を起こさない」「何が起きても絶対に安全」といった絶対性をめざしてきた傾向がある。そもそも絶対ということはありえないにもかかわらず，である。故障の発生確率を0.001％にすることはできるが，ゼロにすることはできないのである。そのような統計的・確率的な考え方で，ものごとに対処すべきである。「絶対にミスを許さない」という極端な発想が，皮肉にも隠蔽や捏造といった不正につながり，結果として悲しい人災につながる可能性をはらんでいる。つまり，トップダウンに世界をモデル化できる，という発想に限界があるのである。ネットワーク社会は，世の中が観測不可能なほど縦横無尽につながり合う大規模複雑システムである。原子力システムも，堤防システムもその一種である。想定外のものごとが起きる大規模複雑システムをいかに制御し，安全・安定を保つか。そんな発想が必要な時代なのである。

1.4.8　グローバルイシュー

日本の問題を，これからのネットワーク型・ボトムアップ型のあり方と，これまでのヒエラルキー型・トップダウン型のあり方のせめぎ合いという図式で見てきた。国内には，医療・福祉の問題，労働・雇用の問題，教育の問題，犯罪・事件の問題，文化やスポーツの問題など，まだまだたくさんの問題が存在している。そして，あらゆる問題の現代的様相が，2つの力の拮抗構造として表わせるのである。あらゆる現代的問題は，大規模・複雑・ネットワーク・グローバル問題として生じている。それなのに，従来型の現実的対策は古き良きトップダウン型・縦割り型・硬直型・局所最適型となりがちである。だから，問題が抜本的には解決されない。

もちろん，ネットワーク社会では日本と世界もつながっている。昔のように，日本の問題を世界のさまざまな問題と切り離して局所最適思考で考えることは困難である。グローバル社会である。地球環境問題，国際紛争の問題，貧困と犯罪の問題，宗教問題，科学技術の競争と協創の問題など，世界全体の大規模・複雑問題が日本にも影響を与えている。とくに，地球環境問題や国際紛争問題は，国家のエゴの対決という図式では解決できない問題である。だれかが国家という視点を超えて「地球の視点」から仲裁すべきなのに，各国は自分の国益を最優先して利己的に行動する。個人レベルで金儲けという繁栄の指標が破綻しつつあるのと同様，国家が自分のことばかりを考えていてもそのバランスから地球全体もうまくいく，という幻想を超越すべき時代である。しかし，どの国家も利己的である。グローバル社会とは，一人ひとりが地球人であるというアイデンティティをもち，各国が地球連邦の属国であるという視点から協力すべき社会のはずだが，残念ながらいまだ地球は無法地帯である。もはや，あらゆるイシューを超国家的なネットワーク型の視点から見直すべき時代なのではないだろうか。

以上のように，時代は大きな2つの力の拮抗時代である。ところが，このような時代への対応が，日本は周回遅れに陥っているのではないだろうか。過去の栄光を知る年配者は，トップダウン型競争力強化を取り戻せ，という主張を繰り返しがちである。旧来型の縦割り組織や効率追求型の価値観はすでに制度疲労に陥り，一昔前の成功体験が次の成功を阻害するイノベーションのジレンマに直面しているというのに。一方，若者は，そもそもボトムアップ型だからバラバラで，彼らの考え方が規範にならない。じつは，ばらばらのネットワーク型・ボトムアップ型活動のなかには，次代をつくる動きが満載である。すでにさまざまな優れた活動が動きはじめている。とくに社会貢献のような草の根的な世界で。未来は明るい。ところが，発言力があるのは前者の旧来型勢力。こちらの声にかき消され，まだまだ新しい力は大きなうねりというほどには成長していない。しかも，先ほど述べたように，バラバラである。統一感のあるトップダウン型統治のアンチテーゼなので，構造的にそうならざるをえないのではあるが。

1.5
「システム」「デザイン」「マネジメント」の視点から俯瞰的問題解決を

では，これからどうすればいいのか。このことを，次に考えてみよう。どうすれば，周回遅れの危機を乗り越え，国際競争力を回復できるのだろうか。答えはシンプルである。

①ネットワーク型の社会構造を活かし，さまざまな学問と多様なステークホルダーが力を合わせ，ものごとの関係性を多様な視点から俯瞰的にとらえ，混沌を整理し，相互理解すること（システムとしての理解）
②理念・ビジョンのレベルから要素のレベルまで，整合的かつイノベーティブな問題解決策・競争力強化策を新たに構築すること（システムのデザイン）
③強力なリーダーシップのもと，それをシステマティックに実践すること（システムのマネジメント）
④これらのための学問体系を構築し，それを実践する人材の育成を行なうと

ともに，実際に具体的な問題解決を行なうこと

つまり，①，②，③がそれぞれ，システム，デザイン，マネジメントに対応している。④の学問体系とは，システムデザイン・マネジメント学である。すなわち，私たち慶應SDMは，大規模複雑に絡み合った糸を解きほぐし要素間の関係性を明らかにする「システム」という視点，多様な人々が協力し新しくイノベーティブな解決策を創造する「デザイン」という視点，ソリューションをサステナブルに管理・運営・経営していく「マネジメント」の視点から，学問や職種の壁を越えた全体統合型学問「SDM学」の構築と，それを実践する人材の育成を行なってきた。

SDM学は，現代が必要とする，世界的に類を見ない新たな学問体系であると自負している。学生は，官公庁，企業の者から個人事業主，教員，アーティストまで。過半数は企業派遣などの社会人学生であり，文理，年齢，国籍の壁を越えた多様な人材である。それぞれの俯瞰的問題意識のもと，あらゆる社会システム・技術システムを対象にSDM学に基づく全体統合型問題解決を試みている。

もちろん，学問の塔に閉じこもらない実践重視・連携重視である。これまでに，産学官連携のもと，大学院内での研究，企業との共同研究やコンサルティング，研修などの形で，製品やサービスの開発，企業間連携型の問題解決，起業，政策提言，地域活性化などのさまざまな成果を着実にあげてきた。今後も，従来型とはまったく異なる大学院として，さらに官公庁や企業，国内外大学との連携を強化し，真の協働に基づく社会構造・意識構造の大転換に寄与していきたい。

第 2 章

SDM 学を読み解くキーワード

この章では，用語を定義しながら，慶應 SDM のフィロソフィーと具体的内容について述べる。辞書のように見ていただいてもいいし，読み物として順に読んでいただくこともできる。

2.1
システム

まず，慶應SDMにおける，「システム」の広義の定義について述べよう。

システムとは，「複数の要素が相互作用するとき，その全体のこと」である。そして，システムは創発する[1)]。創発とは，要素の振る舞いを見ていても生じない振る舞いが，要素の相互作用するシステムにおいては見られるということである。

たとえば，弓矢はシステムである。弓と矢という複数の要素からなり，両者が相互作用することによって使用されるから。では，矢はシステムか。一見，1つの要素からなるように思えるかもしれないが，手で持つ部分と突き刺さる部分からなり，複数の要素があることによって成り立っているから，システムである。情報システムも，交通システムも，組織も，社会も，人間も，システムである[2)]。抽象的なシステムもある。言語や価値もシステムである。幸せや感動や誠実や憎悪も，その概念は複数の要素から成り立つのでシステムである。

なお，システムズエンジニアリングにおけるシステムの定義はやや狭義なので，注意が必要である。

INCOSE Systems Engineering Handbook（Wiley）によると，定義は次のとおりである。

> システムとは，定義された目的を成し遂げるための，相互に作用する要素（element）を組み合わせたものであり，ハードウェア，ソフトウェア，ファームウェア，人，情報，技術，設備，サービスおよび他の支援要素を含む。

狭義である点は，「定義された目的を成し遂げるための」という条件が付加されている点である。これは，「システムとは」ではなく「システムズエンジニアリングにおいてデザインの対象とするシステムとは」についての説明であると考えれば納得がいく。つまり，一般的には，設計者がデザインする対象ではない太陽系（Solar System）も（自然発生的な）社会（Social System）も広義のシステムであるが，これらが何らかの目的を達成するためのものではないことは自明である。

つまり，慶應SDMでは，設計対象であるシステムと，設計対象を取り巻くシステムを，いずれもシステムと定義する。なぜ，このようにシステムズエンジニアリングよりも広義の定義をする必要があるかというと，たとえば社会学者ルーマンが社会システムというときに定義するような，その構成要素の振る舞いを完全には記述できないような，不確定性を含むシステムも研究・教育の対象とするからである。

システムズエンジニアリングの最先端の一つに，システムオブシステムズ（System of Systems）という概念があるが，前者は広義のシステム，後者は狭義のシステムである。つまり，たとえばインターネットのようなシステムは，定義された目的を成し遂げるためのシステムの集合体であり，必ずしも全体システムはなんらかの目的を成し遂げるためのものではない。このように，さまざまな考え方があるため，システムの定義については，つねに最先端の動向に注目している必要があろう。

参考文献

1）前野隆司：思考能力のつくり方，角川 one テーマ21，2010.
2）オリヴィエ・L・デ・ヴェックほか著，春山真一郎 監訳，神武直彦・白坂成功・冨田順子 訳：エンジニアリングシステムズ――複雑な技術社会において人間のニーズを満たす，慶應義塾大学出版会，2014.

2.2

デザイン

慶應SDMでいう「デザイン」とは，「新たに何らかのシステムを創造し，そのアーキテクチャを定義し，その全体から部分までを適切につくりあげるという営み全体」を指す。対象とするシステムは，技術システムから社会システムまでさまざまである。意匠デザインも，ハードウェアの設計も，ソフトウェアの設計も，サービスの設計も含む。ここでいうサービスは広い意味である。政策の提言も，コンフリクトの和解案の提案も，問題解決方法論の具現化も，社会のモデリングも，そして，技術システムの使い方のデザインも，すべて含めてサービスシステムのデザインである。つまり，何かを新たに構築することは，すべてデザインである。このように，広い意味でデザインという単語を定義している。

ここで，「アート」と「デザイン」のちがいについて述べておきたい。アートは，人の役に立つことよりも純粋な自己表現を優先するのに対し，デザインは役に立つことにつながっている。サイエンス（科学）とエンジニアリング（工学）の関係に似ている。サイエンスは，純粋に真理の探求をめざす。エンジニアリングは役に立つことをめざす。すなわち，サイエンスとエンジニアリング，アートとデザインは相似な構造をしている（図の上下の軸）。図の横軸を見ていただきたい。サイエンスとアートが対極にあり，エンジニアリングやデザインは有益性をベースに両者を橋渡しするものととらえることもできる。サイエンスは再現可能な法則の発見をめざす。一般に，主観の入り込む余地はない。一方，アートは他とは異なる自己表現の究極をめざす。再現性はめざさない。まさに対極である。エンジニアリングやデザインは，サイエンスが得た知見を利用しながらも，再現可能な発見ではなくオリジナルな発明をめざす。つ

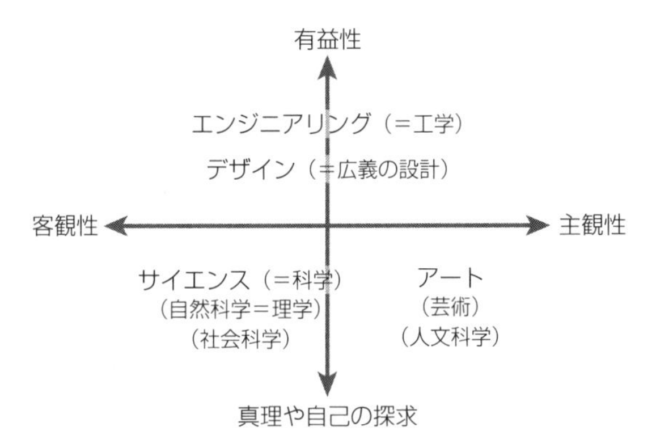

図　それぞれの分野は何を重視する傾向があるか？

まり，アートの要素を含んでいる。この観点からは，どちらかに偏らないバランスのよい領域であるということもできる。

サイエンスとアートを追究することは，ある意味，まわりの目など気にせず，心の欲するところに従う，自分に対して純粋な営みである。その成果が社会にどう影響するかということに対しては無頓着になりがちである。一方，工学とデザインは，社会の役に立つ代わりに，社会からの独立を曖昧にし，社会に迎合する危険をはらむ。結局はバランスなのである。

そして，デザインとは，主観と客観のバランス，サイエンスとアートのバランス，発見と発明のバランス，純粋な追求と社会への貢献のバランスをとって，使用者の便益を考慮しながら新しいものを創造する営みなのである。よって，人間のあらゆる営みは生活に資する以上，デザインであるといえる。慶應SDMでは，そのような広い意味でのデザインを学問体系として探求しているのである。

ちなみに，慶應義塾創立150周年の際（慶應SDM設立当初）に，「独立と協生という二焦点をもつ楕円」という考え方が提唱された。この図の上に楕円を描くとすると，下半分と上半分に焦点をもつ楕円となる。福澤先生のいわれていたサイヤンス（science，実学）は，この図全体を包含する広義の科学であると考えられる。

2.3

マネジメント

慶應SDMでいう「マネジメント」は，経営，管理，運用という意味を含む。

経営とは，まさに企業の経営というときに使われる単語であるが，もう少し小さな組織の運営も含む。組織の経営やプロジェクトマネジメントである。管理には，人間の集合体である組織の管理と，技術システムや社会システムなどのシステムの管理を含む。運用も同様である。組織の運用とシステムの運用を含む。つまり，あらゆるシステム（ここでいうシステムはもちろん広義のシステムである）をサステナブルに維持していくこと全般を含むのであって，単に経営だけを指す，あるいはプロジェクトマネジメントだけを指すのではない。

ここで，プロジェクトマネジメントについて少し詳しく述べておきたい。プロジェクトマネジメントというと，大規模プロジェクトの運営・管理の学問で，システムズエンジニアリングの一部であると思われがちだが，小規模で短納期なプロジェクトや，変化に応じて機動的に舵取りをするアジャイル型開発のマネジメントも含む。リーダーシップなどの従来型マネジメントスキルは当然ながら，ステークホルダーの満足をめざして新しいものを創るという点では，バランスのとれたシステムデザイン感覚も要求されるのである。

近年急速に体系化が進められている学問なので，MBA（Master of Business Administration；経営学修士）やMOT（Management of Technology）に比べると歴史は浅いのだが，それだけにMBAやMOTを学んだうえで，さらに広いマネジメントを学びたい，と慶應SDMに来る学生も少なくない。プロジェクトマネジメントをはじめ，システムやデザインを意識した幅広いマネジメント能力を伸ばす教育が，彼らの魅力になっているといっても過言ではない。

2.4

システムデザイン・マネジメント

「システム」「デザイン」「マネジメント」の定義についてはすでに述べた。これらをつなぐと,「要素間が関係するあらゆるものごとに関するさまざまな問題を,社会のニーズを重視しながら新たにイノベーティブに解決できるソリューションを提案し,その妥当性・有効性を検証し,そして,そのソリューションを実際に運用していくこと」。要するに,あらゆる問題に対して,全体俯瞰的・全体統合的な視点から問題解決策を見いだし,その妥当性・有効性を検証し,それを実際に具現化し,マネジメントしていくことである。システムデザイン・マネジメント学(SDM学)とは,それを可能にする学問体系の全体を指す。もちろん,慶應SDMは2008年に始まったばかりなので,SDM学も若い学問である。よって,骨格は完成しているが,細部は進化中である。この学問が必要な理由は,第1章で述べたように,現代の社会や現代の学問が大規模・複雑化するとともに細分化・縦割り化されつづけていて,全体俯瞰型・全体統合型の学問を必要としていたという時代の要請による。

SDM学の基盤となるのが,「システムズエンジニアリング」,「プロジェクトマネジメント」および「システム×デザイン思考」である。これらの詳細についてはこの後で詳しく述べる。

SDM学はどんな分野をカバーしているのか,と尋ねられることがある。答えは,あらゆる分野である。科学技術システム,地球環境問題,環境共生システム,安心・安全技術と安全保障,ヒューマンインタフェース,情報・通信・メディア,モビリティ,都市空間と住空間,地域,組織,コミュニティ,医療・医薬,農林業,宇宙,海洋,外交,政治,経済,経営,マーケティング,コンサルティング,教育学,社会学,心理学,認知科学,アート,体育学,文

図　慶應 SDM の魅力は？

学，哲学。いずれにせよ，単なる専門研究を行なうのではなく，社会のニーズを徹底的に明らかにしてから詳細研究に移る。また，単なる調査研究ではなく，必ず新しいシステムを提案（デザイン）し，検証（Verification and Validation）する。つまり，あらゆるシステムのデザインとマネジメントを行なうための学問体系が，SDM 学である。

そして，SDM 学についての教育・研究を行なっているのが，システムデザイン・マネジメント研究科（慶應 SDM）である。慶應義塾大学日吉キャンパス協生館に設置された大学院（修士課程・博士課程）である。

慶應 SDM ではどんな人が学んでいるのか。答えは，あらゆる分野，あらゆる年齢層，さまざまな国籍。理系から文系まで，さらに，芸術系，体育系も。新卒学生から社会人学生まで。社会人学生の出身は，メーカー，サービス，シンクタンク，金融，建築，アート，マスコミ，コンサルタント，法曹，医療，省庁，自治体，教育，経営者まで。過半数は社会人学生である（**図**参照）。

慶應SDMで学んだ者は何を身につけ，どんな分野で活躍するのか。システムとしてのものの見方，イノベーティブ・クリエイティブなデザインの仕方，リライアブル・サステナブルなマネジメントの仕方を身につけて，あらゆる分野で活躍している，というのが答えである。すなわち，育成する人材は「システムズデザイナー」「プロジェクトリーダー」「ソーシャルデザイナー」である。きわめて部品点数の多い大規模技術システムや，新規性が高く用途が多様な最先端技術システムを適切にデザインするシステムズデザイナー，きわめて参加者の多い大規模プロジェクトを運営していくプロジェクトリーダー，きわめて不確定性や変動性の多い環境問題や社会問題に対して斬新な社会システムを提言するソーシャルデザイナー。

要するに，どこに就職するのかという実績でいうと，シンクタンク，コンサルティング，メーカー，商社，証券，銀行，サービス，官公庁などさまざまである。業種も，企画，経営，エンジニア，営業，管理，教育など多様である。これまでのどの学部，研究科でもなかなか輩出できなかった「学問分野の壁を越えて全体俯瞰的・全体統合的視点から解決策を導きだせる人材」へのニーズに応えているため，就職実績はきわめて高い。時代がSDM学を求めているといえよう。

参考文献

1) 神武直彦・前野隆司・西村秀和・狼嘉彰：学問分野を超えた「システムデザイン・マネジメント学」の大学院教育の構築，Synthesiology, Vol. 3, No. 2, pp. 112-126, May 2010. https://www.aist.go.jp/pdf/aist_j/synthesiology/vol03_02_p112_p126.pdf

2.5

システムズエンジニアリング

慶應 SDM の学問の中心には「システムズアプローチ」と「デザインアプローチ」がある。システムズアプローチの代表選手が「システムズエンジニアリング」である。ほかに「システム科学」や「システム哲学」がある。それらについては後で詳しく述べよう。ちなみに，「デザインアプローチ」の代表選手は「デザイン科学」や「デザイン思考」である。

さて，「システムズエンジニアリング」とは何か。

残念ながら日本で SE（システムズエンジニア）というと，情報系の技術者ないしはソフトウェア技術者を指すと考えられがちである。しかし，本来の意味はより広い。システムズエンジニアリングの国際評議会 INCOSE（International Council on Systems Engineering）によると，システムズエンジニアリングとは「システムを成功裏に実現させるための，複数のディシプリン（分野）にまたがるアプローチおよび手段」とある。英語でいうと“An interdisciplinary approach and means to enable the realization of successful systems.”である。前に述べたようにシステムは非常に広い概念なので，システムを実現するためのアプローチや手段はさまざまである。つまり，システムズエンジニアリングの守備範囲はきわめて広い。

システムズエンジニアリングには半世紀近い歴史がある。世界初のシステムズエンジニアリングの標準は 1969 年にアメリカが空軍向けに制定した軍用規格。同時期に行なわれていた人類初の月への有人宇宙飛行計画「アポロ計画」はシステムズエンジニアリングによって成功したといわれている。システム開発全体を複数の段階に分け，各段階で審査を行なって，次に進む「段階的プロジェクト計画」方式などはアポロ計画で確立され，いまでもほぼ同様の方式が世界中の宇宙ミッションに適用されている。ここからわかるように，システムズエンジニアリングは最初，宇宙開発や軍事部門で発展した。その後，都市開発やインターネット，民生用製品開発などにも応用されるようになり，現在ではさまざまな分野で用いられている。

ところが，日本ではITやソフトウェアのエンジニアリングとみなされがちである。現代のシステムズエンジニアリングはITやソフトウェアを駆使するケースも多いので，その分野の人々が最初に輸入して広めたことが一因かもしれない。「慶應SDMの基盤の一つはシステムズエンジニアリング」というとSE養成大学院と誤解されることがあるが，慶應SDMでは一般に日本でSEといわれるIT系，ソフトウェア系の人々だけを養成しているのではないのでご注意いただきたい。なんども述べたように，SEも，ハードウェアの技術者も，さまざまなシステムをデザインしているいわゆる「文系」の学生も，ともに学ぶべきインターディシプリナリ（interdisciplinary）な学問がシステムズエンジニアリングなのである。

2.6

システム×デザイン思考

広義のシステム思考とは，ものごとをシステム（要素間の関係性）としてとらえることである。デザイン思考とは，チームで観察（Observation），発想（Ideation），試作（Prototyping）をなんども繰り返しながら協創するイノベーティブな活動を指す。

システム×デザイン思考とは，論理的な視点で「木を見て森も見る」ような，いわゆるシステム思考の視点と，感性も駆使した視点で顧客価値を重視しながら新たな製品やサービスを見つけ出すような，いわゆるデザイン思考の視点の両方をもちながら，デザインの対象に接していくことを指す。顧客ごとの価値の構造と自らの強みを多視点から可視化することによって，イノベーティブな製品やサービスのデザインを行なう。

多くの場合，Observationとは，デザインの対象にふさわしい場所を訪れて，観察したり，関係者から聞き取り調査を実施したり，資料を持ち帰るなどの調査に基づく手法を指す。デザイン思考におけるObservationは，量的調査とは異なり，調査者や観察者自らが，調査される対象，観察される人たちの中に入り込んで，主観的に感じて調査する質的な活動を指す。単にアンケート調査をしても，意識化された問題しか抽出できない。人々が無意識に感じていて，まだ言葉にできていないような問題をとらえるためには，観察者自らが対象者のコミュニティに能動的に入り込み，感性を働かせ，対象となる者の無意識的な活動をからだで理解する必要がある。この際に「○○は△△のはずだ」といった固定観念に基づく仮説をもちすぎず，仮説が潜在意識からあぶり出てくるのを待つことが重要である。観察者が対象者の無意識の声を聞くことである。

システム×デザイン思考では，以上の両者，すなわち量的調査と質的調査を行なう。

Ideation とは，集団でアイデアを出し合うことによって，新たな発想を誘発する手法であるブレインストーミングなどによって，斬新なアイデアを生み出すことを指す。A と B のどちらが正しいかといった議論を戦わせるのではなく，A と B の相乗効果を出し合いながら，対立ではなく融合してアイデアをブラッシュアップしていくのである。

システム×デザイン思考では，ブレインストーミングのような右脳的な活動と，構造シフト発想法のような創造性に対する構造的理解を利用するタイプの左脳的な創造技法を，両方とも用意している。

Prototyping とは，手やからだで考えて短時間に多くのアイデアを試し，改良する活動を指す。一般的な試作は，設計した製品が確実につくられているか否かを評価・検証するのが目的であった。これに対し，デザイン思考における Prototyping は，試作者がコンセプトの特徴を確認し，それをチームでも共感するほか，意見を求めた人から共感を得たり，あるいは指摘を受けて直すべき点をその場で直すといった，そのまま創造につながる活動である。ラフに試作し，どんどん失敗し，つくりながら考える。頭ではなく，手で考える，からだで考える，そんな活動である。

システム×デザイン思考では，確実な評価のための試作と，手でつくりながら考える創造的な活動としての試作を併用する。

戦後日本の伝統的教育では，一般的に，あまり感情的になりすぎず，冷静に，理性的に物事をこなす教育が重視されてきた。それも重要だが，感性も活かすことが，自由に発想することにつながるのである。イノベーションのためには情熱やポジティブ志向が重要である。これは，まさに，情熱やポジティブ志向が右脳的な活動だからである。精神論ではなく，左脳・右脳を連携させ融合させるために，システム×デザイン思考が重要なのである。

参考文献

1）前野隆司ほか：システム×デザイン思考で世界を変える—慶應 SDM「イノベーションのつくり方」．日経 BP 社，2014.

2.7

V字モデル

V字モデルは，システムズエンジニアリングの根幹となる考え方の一つであり，慶應SDMでもV字モデルに則って考えることを基本としている。

V字モデルは，システム開発の基本的な考え方を表わす。図に示したように，V字モデルの左側はシステムデザインといわれ，要求分析とアーキテクティングを実施することでシステムを構成する構成要素（サブシステム）へと分解することを表わしている。V字モデルの右側は，実現されたシステムを構成する構成要素を統合（インテグレーション）してシステムを実現することを表わしている。そして，V字モデルの左側・右側の両方で，評価・解析を実施する。V字モデルの左側で実施する評価・解析としては，たとえば，設計が正しいかどうかを確認するためのシミュレーションや，複数の設計候補案から1つを選定するために実施するトレードオフ解析などが該当する。V字モデルの右側で実施する評価・解析としては，試験があげられる。このとき，左側と右側のレベルがあわせてあり，V字モデルの左側での設計に対応した試験が，V字モデルの右側で実施される。また，右側で実施される試験のことを考えて，左側で設計を実施する。

V字モデルは，システム開発全体プロセスを表わすもの，と誤解されることがある。そのような場合もあるが，基本的にはシステム開発全体のライフサイクルとV字モデルは独立に考えられるものである。つまり，システムのライフサイクルを通じて，V字モデルが何度も繰り返されることもあり，また対象となるシステムの「部分」を表わすときにも使われる。たとえば，システムを構成する構成要素の一つが，これまでに使ったことのないような技術を活用したもので実現することを考えてみていただきたい。そのような場合，新しいこ

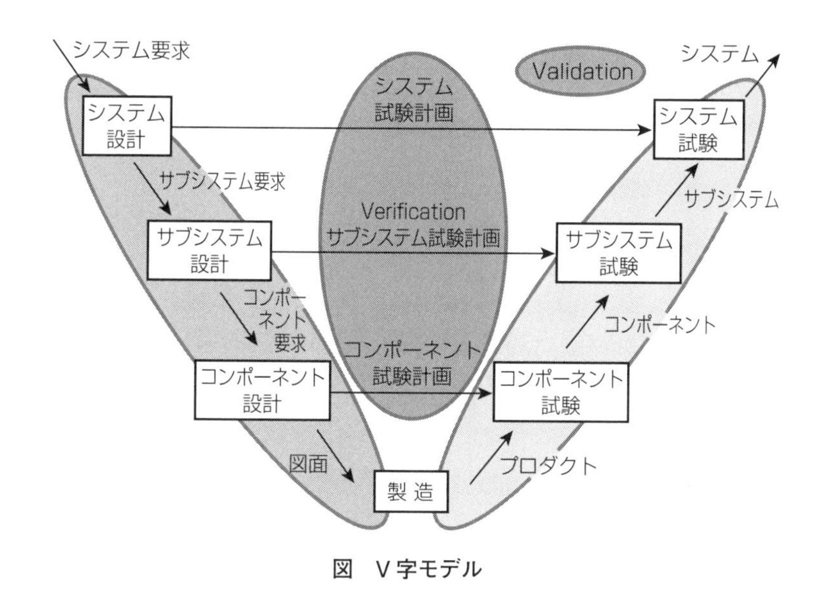

図　V字モデル

とをいきなりやってうまくできない可能性を減らすために，試しにつくってみるということを考えるであろう。つまり，部分的に設計・製造・試験をして，うまくできることを確認する。そのうえで，全体を別のV字モデルに従って設計・製造・試験をする。このようにV字モデルは，ライフサイクルを通じて複数となることもあり，またその範囲がシステム全体のときも，システムの一部分であることもありえる。

図は，システムが，システムレベル，サブシステムレベル，コンポーネント（要素）レベルの3段階に分かれるケースを表わしているが，システムのレベルはもちろん3段階でなくても（2段階でも，n段階でも）いい。

2.8節の2元V字モデルでは，上の図のV字モデルをエンティティVとアーキテクチャVに分けて記述している。具体的には，水平方向の各レベルでの役割を考慮し，それぞれのレベルにおいて左から右へいたる考え方をエンティティVとして表わし，すべてのレベルをつなぐ考え方をアーキテクチャVとして表わしている。

2.8

2元V字モデル

製品やサービスなどのシステム開発のプロセスを表わす**図1**の2元V字モデル[1]について述べる。この図は，開発対象とするシステムの分解と統合を表わす垂直方向の「アーキテクチャV」と，システム，サブシステム，コンポーネントのそれぞれの開発プロセスである，要求分析，アーキテクチャ定義，設計仕様の決定，製作，検証，妥当性確認を表わす「エンティティV」(**図2**) を同時に表わしている。

図1のVプロセスを進めるためには，システムアーキテクチャを定義し，システムを構成するサブシステムへの要求を確定し，その要求に従ってつくられて検証されたサブシステムをアセンブルすることでシステムを統合し，システムとしての検証を行なう必要がある。サブシステムは，システムレベルから受けたサブシステム要求に従ってサブシステムのアーキテクチャを定義し，サブシステムを構成するコンポーネントへの要求を確定し，その要求に従ってつくられて検証されたコンポーネントをアセンブルする。

こうした一連のプロセスを，再作業や手戻りなどなく進めることは難しく，たとえばシステムアーキテクチャを決定するには，サブシステムの担当者との情報交換や部分的なプロトタイピングが必要となる場合があり，いわゆる手戻りが発生する。小さな手戻りであれば，QCD（Quality：品質，Cost：コスト，Delivery：納期）を守ることができる可能性は高いが，大きな手戻りが発生すると，QCDを守ることができずに開発の失敗に至る場合もある。

大きな手戻りを防ぐためにはシステムアーキテクチャの検討を十分に行なっておくことが重要であり，また，それに基づきガントチャートやデザインストラクチャマトリクス[2]を用いてどの部署がどのタイミングで何をするのかを

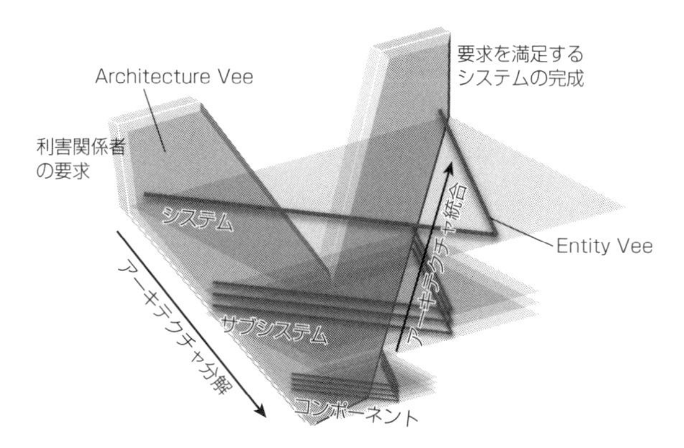

図1 2元V字モデル

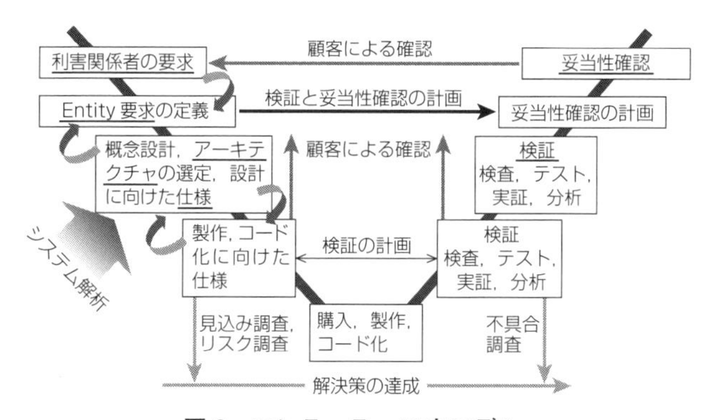

図2 エンティティV字モデル

事前に計画することが必要となる。なお，システムオブシステムズ（SoS）を開発の対象とする場合については文献3で一つの提案が行なわれている。

参考文献

1) Kevin Forsberg, Hal Mooz, Howard Cotterman：Visualizing Project Management. Third Edition, John Wiley & Sons, Inc., 2005.
2) 西村秀和 監訳，大富浩一・関研一 訳：デザイン・ストラクチャー・マトリクスDSM―複雑なシステムの可視化とマネジメント．慶應義塾大学出版会，2014.
3) Oliver Hoehne：The SoS-VEE Model, Mastering the Socio-Technical Aspects and Complexity of Systems of Systems Engineering (SoSE), 26th Annual INCOSE International Symposium (IS 2016), 2016.

2.9

アーキテクティング

アーキテクティングとは，アーキテクチャを設計する行為を指してよばれるものである。アーキテクチャとは，「システムと外界（コンテクスト）との関係」および「システムを構成する要素とその要素間の関係」のことを指す。

一般的にアーキテクティングを説明すると，大きく以下の2つのポイントが重要となる。

- 複数の視点（Viewpoint）からシステムを見て，それぞれの視点から見えるもの（View）における要素と要素間の関係を定義する
- 異なる見えるもの（View）間の関係性を定義する

これを ISO/IEC/IEEE 42010 Systems and software engineering－Architecture description では，図のように示している。

つまり，対象となるシステム（System of Interest）にはアーキテクチャが存在する。また，対象となるシステムにはステークホルダー（Stakeholder）が存在する。そのステークホルダーには関心事（Concern）があり，その関心事に対応した視点（Viewpoint）を設定することができる。その視点から見えるもの（View）が複数存在し，視点と視点から見えるものを集めたものがシステムのアーキテクチャの表現（Architecture Description）である。

具体的には，以下のように考えることができる。一般的な技術システムでは，ステークホルダーとして，利用者と開発者が考えられる。利用者としては，どのように使うのか，どのような機能をもっているのかといったことが気になる。一方で，開発者としては，どのように機能を実現するかが気になると考えられる。このため，どのように使われるかの視点（運用視点，Operational Viewpoint）での設計（Operational View）と，どのような機能をどのようなサ

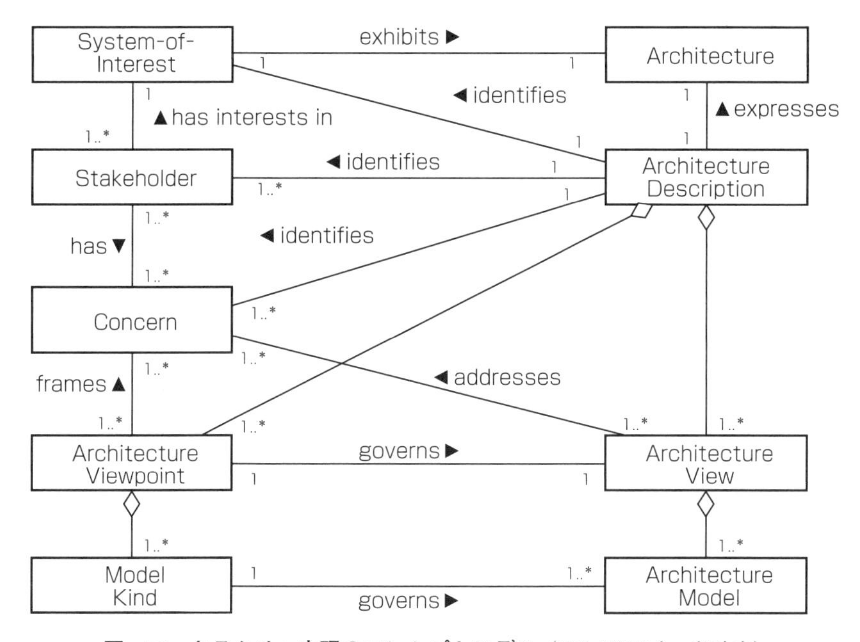

図　アーキテクチャ表現のコンセプトモデル（ISO 42010 を一部改変）

ブ機能で実現するかの視点（機能視点，Functional Viewpoint）での設計（Functional View）と，どのようにサブ機能をハードウェアやソフトウェアで実現するかの視点（物理視点，Physical Viewpoint）での設計（Physical View）で考える。運用をどのような機能要素で実現し，機能要素をどのような物理要素で実現するかを重ね合わせによって決定する。これが一般的な技術システムにおけるアーキテクチャ設計である。

同様なことを組織の設計では，役割（役割視点）と組織（組織視点）で設計するなどして実現できる。

2.10

モデル

「モデル」の定義はさまざまあるが，学問分野で使われる一般的な意味としては「計算や予測を支援するための，システムまたはプロセスの簡略化した記述」[1]である。もう少し広くとらえると，「物理世界にある実体，たとえばシステム，現象，プロセスを抽象化して表現したもの」といえる。理学や工学の分野では従来から，数学モデル，力学モデル，3次元CADモデルなどが利用され，それぞれ関心の対象とするシステムの解析や設計が行なわれている。

慶應SDMでは，さまざまなシステムをデザインしマネジメントするなかでモデルが利用され，システム，現象，プロセスの改善をめざしている。人はあることに興味や関心をもっているとき，それを頭の中で考える際に単純化あるいは抽象化して概念としてとらえる。関心のある対象について，そこに焦点を当てるために視点を設定し，そこから見える様子から「モデル」をつくる。モデルは，人が関心をもっていることについて，その様子を概念として考えた結果として得られたものといえる。それは単なるお絵かきとなってしまう場合もある。

システムズエンジニアリングで利用されるシステムモデル[2]とは，システムおよびその環境を表わすものであり，システムを分析して仕様を決定し，設計して，検証し，同時に他の利害関係者と情報を共有する必要のあるシステムズエンジニアには，システムモデルはきわめて重要なものである。一方で「シミュレーション」は，特定の環境に対して，時間に沿ったモデルの実行を行なうことである。一般には，システム，ソフトウェア，ハードウェア，人，物理現象の複雑な動的振る舞いを解析する手段を提供する。このように，モデルとシミュレーションは異なる意味をもつにもかかわらず，混同して用いられてしまうことがあるため注意が必要である。

システムライフサイクルにわたるシステムモデルの目的は次のとおりである[2]。

- 実在するシステムの特徴づけ：文書で書かれた実在するシステムをモデリングすることにより，そのアーキテクチャと設計を把握する。
- ミッションおよびシステムコンセプトの定式化と評価：システムライフサイクル初期の段階で，モデルによりミッションおよびシステムコンセプト候補を総合し評価する。システム設計のモデリングと重要なシステムパラメータの影響評価から，トレードオフ解析の解空間を探索する。
- システムアーキテクチャとシステム要求のフローダウン：モデルを用いてシステム解決策のアーキテクティングを支援し，ミッションとシステム要求（機能要求，インタフェース要求，性能要求，物理要求のほか，信頼性，保守性，安全性，セキュリティなどのいわゆる非機能要求）をシステム要素に割り当てる。
- システム統合と検証の支援：システムへその構成要素を統合する際の支援とシステムが要求を充足することの検証の支援にモデルを用いる。選定した構成要素モデルや設計モデルを実ハードウェアまたはソフトウェアに置き換えて，Hardware-またはSoftware-in-the-loopテストで検証する。モデルは，テスト計画と実行を支援するためテストケースを定義する。
- トレーニングの支援：システムと相互作用するユーザ（オペレータ，保守員，その他）を訓練するシステムのさまざまな観点を模擬する。
- 知識の獲得とシステム設計の進展：システムに関する知識の獲得と組織の知識としての維持のための効果的な手段をモデルが提供する。

このようにシステムモデルは，コンセプトの段階から廃棄に至るまでのライフサイクル全般にわたって用いられ，2.11節のMBSEで中心的な役割を担う。

参考文献

1）Oxford Dictionaries, http://www.oxforddictionaries.com/
2）Systems Engineering Handbook, A Guide for System Life Cycle Processes and Activities, 4th Edition, INCOSE, 2015, Wiley

2.11

MBSE
(モデルに基づくシステムズエンジニアリング)

「MBSE = SEである」。これは，システムモデルの記述方法の一つであるSysML (Systems Modeling Language) [1, 2] を先導するサンフォード・フリーデンタール氏がよく述べるフレーズである。MBSEは，これまで文書に基づいて進められてきたシステムズエンジニアリングに代わり，システムモデルに基づくものである。しかし，冒頭のフリーデンタール氏の言葉どおり，システムズエンジニアリングの基本的考え方に変わりはない。INCOSEでは，MBSEを「コンセプト設計に始まり，開発以降のシステムライフサイクルにわたってつづく，システム要求，設計，分析，検証，妥当性確認に関するアクティビティを支援するためにモデリングを形式化して適用すること」と定義している [3]。MBSEは，対象とするシステムの仕様に関連する情報を把握し，分析し，共有し，運用する能力を高め，次の有益な結果を生む。

- 開発に関係する利害関係者間のコミュニケーションの向上
- システムモデルを用いて複数の観点から見ることができ，変更の影響を分析できることによるシステムの複雑さに関する運用能力の向上
- 一貫性，正当性，完全性に対して評価でき，曖昧さがなく精度の高いシステムモデルをもつことによるシステムの品質向上
- より標準的な方法で情報を把握し，モデル駆動アプローチに備わる抽象化メカニズムの利用による情報の再利用と向上した知識獲得
- 明確で曖昧さのない表現による，システムズエンジニアリング基礎教育および学修能力の向上

それまでの文書に基づくシステムズエンジニアリングでは，そこに含まれる

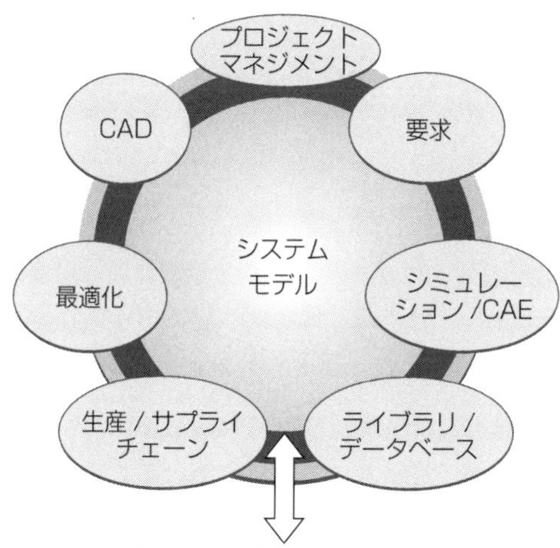

図　ライフサイクルにわたるシステムモデル [1)]

システムに関する仕様や分析レポート，検証計画書，手順書およびレポートなどを管理し統制することは難しく，また正確性，完全性，一貫性を評価することは容易ではなかった。これに対してMBSEでは，その主たる成果物であるシステムモデルあるいは一連のモデルにこれらの情報をもたせることができる。モデルを用いることで，システムズエンジニアリングの適用を形式化できるのである。システムモデルは今後，**図**に示すように，コンセプトの段階から廃棄に至るまでのライフサイクル全般にわたるそれぞれのステージでシームレスに活用され，生産性の向上，効率化を生むことが期待されている [4)]。

参考文献

1) Sanford Friedenthal, Alan Moore, Rick Steiner：A Practical Guide to SysML. Third Edition, The Systems Modeling Language, The MK/OMG Press, 2014.
2) 西村秀和 監訳，白坂成功・成川輝真・長谷川堯一・中島裕生・翁志強 訳：システムズモデリング言語 SysML．東京電機大学出版局，2012.
3) Systems Engineering Handbook. A Guide for System Life Cycle Processes and Activities, 4th Edition, INCOSE, 2015, Wiley
4) http://intercax.com/products/syndeia/

2.12

システム解析

システムを解析することの主たる目的は，対象とするシステムを所望の観点から正しく理解することである。システムを解析するには，その範囲，種類，目的，求められる解析の精確度を定める必要がある。また，解析に際し，その評価指標を定めることで，対象システムにかかわる意志決定に結びつけることができる。こうしたシステム解析を行なう際に，定量的なモデル化技法，解析モデルやシミュレーションモデル，あるいは実験法が用いられる。システム解析の結果に起因するトレーサビリティの確保はきわめて重要であり，対象とするシステムを正しく理解し，よりよいシステムを導くことができる。

システムズエンジニアリングでは，システム解析プロセスが技術プロセスの一つとして定義されている[1]。このプロセスの目的は，ライフサイクル全般にわたって意志決定を補助するために，技術的な理解を支援するデータと情報の基盤を提供することである[2]。そのため，ミッション解析・ビジネス解析プロセス，利害関係者要求定義プロセス，アーキテクチャ定義プロセス，設計定義プロセス，統合プロセス，検証プロセス，妥当性確認プロセス，プロジェクト評価・統制プロセスなどで利用される。

システム解析プロセスでは，コスト解析，技術リスク解析や，効果指標，性能指標，技術的性能指標などを定めるための解析が実施される。国際標準IEEE 1220[3]では，要求の分析，機能の分析，および物理アーキテクチャを導くための総合を実施する際に，それぞれ，要求，機能，および設計のトレード分析と評価を実施することを標準としている（図参照）。たとえば，システムの設計に際して，システム解析によって性能を規定することで，システム要求の一つである性能要求を定めることができる。システム解析は技術的な面での

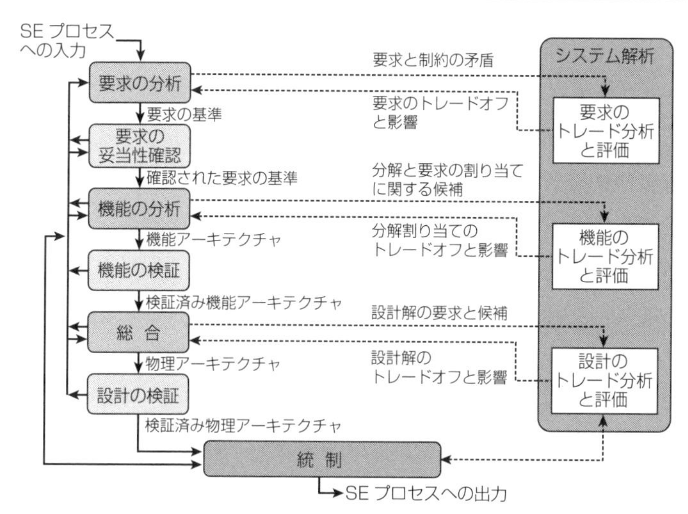

図　システムズエンジニアリングプロセス中の「システム解析」の位置付け[3)]

意志決定を行なうための厳格なアプローチを提供するものである。

図の「要求の分析」，「機能の分析」，「総合」によりシステムの段階的詳細化を進め，それぞれの段階に対応するシステム解析でシミュレーションを実施する場合，シミュレーションモデルも段階的に詳細化していく必要がある。当然ながら，要求，機能，設計の間にはトレーサビリティが確保される必要があるため，それぞれの段階で用いられるシミュレーションモデルの間に正しい依存関係が求められる。システムモデルを用いて段階的詳細化を進めるMBSEでは，システムモデルとシミュレーションモデルの間に正しい依存関係が求められる。こうしたトレーサビリティと正しい依存関係をそれぞれの段階で確保していくことにより，正しいシステム要求，正しいアーキテクチャを導くことが可能となる。

参考文献

1) INTERNATIONAL STANDARD, ISO/IEC 15288：2015, First edition, 2015-05-15
2) Systems Engineering Handbook, A Guide for System Life Cycle Processes and Activities, 4th Edition, INCOSE, 2015, Wiley
3) INTERNATIONAL STANDARD, ISO/IEC 26702, IEEE Std 1220-2005, First edition, 2007-07-15

2.13

シミュレーション

システムの挙動をモデルに従いコンピュータなどで模擬・試行することを「シミュレーション」といい，日本語では「模擬実験」といわれることもある。シミュレーションは，実験を行なうことが経済的に不利であったり，危険を伴ったり，あるいはそもそも設計中のシステムで実在しない場合や問題が未来の予測であるなど実験が不可能な場合などには有効な手法である。また，シミュレーションでは，一度モデルができあがってしまえば，大きさや時間スケールなどを含めてパラメータの変更が容易であり，膨大な数の試行の繰り返しが可能という利点がある。とくに対象とする問題が社会システムなどの場合には，新しいシステムを導入して実験を行なうことが不可能な場合が多く，このような問題に対してもシミュレーションは有効な方法となる。

シミュレーションでは，現実の問題をモデル化し，多くの場合コンピュータ上で解を求めるが，この際，シミュレーションのモデルは現実の問題の本質を含んでいなくてはならないという面と，現実に実験を行なうよりも簡単でなくてはならないという面をもつ。抽象度の低い詳細なモデルでは，真の解に近づくが実験を行なうほうが簡単であったり，逆に抽象度を上げると，問題は単純化するが真の解からは遠ざかることになる。そのため，シミュレーションにおいては，問題に応じてモデル化の抽象度をどう設定するか，どのようなモデル化を行なうかが重要となる。最近の VR（Virtual Reality）技術を用いたシミュレーションでは，体験している利用者自身がシミュレーションモデルの一つの要素となることで，人間の挙動を含めたシミュレーションを実現しているということができる。

シミュレーションは必ずしもコンピュータの使用を前提とした方法ではな

く，模型や玩具，あるいはゲームの形をとるシミュレーションも存在するが，コンピュータを使うことでパラメータの変更や試行の繰り返しが容易になるため，コンピュータとの親和性はとても高い。そのため，コンピュータの発達とともに，シミュレーションは理論科学，実験科学につづく科学の方法論として発達してきた。コンピュータの処理速度や扱うことができるデータ量は，ムーアの法則に見られるように年々大幅に向上している。そのため，シミュレーションとして扱えるモデルのサイズや精度も年々拡大することで，シミュレーションの精度向上につながってきた。たとえば，現在の天気予報にはスーパーコンピュータを使用した数値シミュレーションが使われているが，天気予報の精度向上の陰には，シミュレーションとして扱うモデルのサイズや境界条件として与えられるデータ量の増大が大きく貢献している。

しかしながらシミュレーションは，その方法論からモデル化や計算方法などに依存する誤差が本質的に含まれている方法であるため，誤差を含む結果の取り扱い方を身につけることも重要である。たとえば，シミュレーションのためのモデル化をどのレベルで行なうか，数式表現されたモデルをどのようなアルゴリズムで計算するか，計算のための境界条件や初期条件をどのように与えるかなどは，シミュレーションの精度に影響を与える。また，そもそもコンピュータの計算には丸め誤差が含まれ，シミュレーションの中ではこれが情報落ちや桁落ちの誤差として蓄積されていく。そのため，シミュレーションを使用するうえでは，コンピュータの計算能力を妄信せずに，シミュレーションの有効性と限界を理解したうえで利用することが重要である。

慶應SDMの方法論のなかでは，シミュレーションによって要求を明らかにする，アイデアをシミュレーションによって検証する，問題に対するシステムの妥当性確認を行なうなど，シミュレーションはさまざまな場面で利用する。このようにシミュレーションはシステムデザインにおける有効な手段であるが，そのためにはシミュレーションの正しい使い方ができることが重要である。

2.14

ビジュアリゼーション

数値データや情報などの直接見ることができない事象や関係性を可視化することで，直感的な判断を可能にする手法を「ビジュアリゼーション」という。広い意味では，ビジネス用語のあいまいな活動を視覚化・数値化して客観的な判断を可能にするための「見える化」を含む場合もあるが，狭義にはCG（Computer Graphics）などを用いて数値データや情報を画像化・映像化する手法を指す。数値データは本来，色や形状をもたない抽象的な概念であるため，そのままでは目に見える形で表現することはできない。そのため，これらのデータや情報を可視化するためには，目的に応じて種々の可視化モデルや可視化手法が用いられる。Excelなどを用いて2D/3Dグラフで表わす方法から，特殊な可視化ツールを用いて等値線／等値面，ボリュームレンダリングなどで表現する方法，あるいはアニメーションなどの動画で表現する方法もある。最近では，VR（Virtual Reality）やAR（Augmented Reality）の技術を用いることで，3次元の仮想空間を利用したビジュアリゼーション技術も利用されている。とくに膨大なデータを詳細に可視化するためには，大画面，高解像，3D立体視などのインタラクティブなビジュアリゼーションが有効な手段になる。**図**は，4K3Dの没入型ビジュアリゼーション環境を用いて，地震データの可視化を行なっている例を示したものである。

ビジュアリゼーションの用途としては大きく分けて，研究者や開発者がデータ分析のために自分自身で行なうビジュアリゼーションと，研究者や開発者が第三者へのプレゼンテーションのために行なうビジュアリゼーションがある。データ分析のためのビジュアリゼーションでは，利用者が分析者自身で，その分野の専門家であることが多いため，可視化における表現のわかりやすさより

図　没入型4K3Dディスプレイを使用した地震データの可視化分析

も使いやすさなどのインタフェースが重視される。ビジュアリゼーションは，膨大なデータから新しい知見を見いだそうとするデータマイニングやビッグデータ分析においても重要なツールとなり，データ分析と可視化を融合させたビジュアルデータマイニングやビジュアルアナリティクスは，研究としてもホットな領域である。一方，プレゼンテーションとしてのビジュアリゼーションでは，可視化の対象者が第三者で，専門家以外の人に情報を伝えることが目的となるため，いかにわかりやすい可視化の表現を行なうかが重要になる。デザインなどを含めて，見やすくわかりやすい表現をめざすインフォグラフィックスなどもこの領域に入る。

システムデザインの方法論のなかで，ビジュアリゼーションは，現象やデータから問題を分析・抽出したり，第三者と共有するためのツール，あるいはアイデアやその効果をわかりやすく伝えるための強力なツールとして効果的に利用することができる。

2.15

ヒューマンインタフェース

ユーザとシステムの接する接面にかかわる技術を一般に「ヒューマンインタフェース」とよぶ。近年では，システムが大規模・複雑化することで，利用者と対象の距離が離れ，利用者にとって対象に対して何を行なっているのかという働きかけが理解しにくくなってきている。たとえば，銀行の送金システムや工場の制御システムを考えた場合，目の前のタッチパネルやキーボードの操作と，巨額のお金を送金したり，工場の生産ラインを動かしたりするという結果との関係を，直観的に結びつけてイメージすることは困難である。そのため大規模なシステムや複雑なシステムでは，アウトプットの内容や処理の重要さをわかりやすく利用者に示すことが重要であり，このようなインタフェースの良し悪しが操作ミスや事故を引き起こす原因につながることが指摘されている。

また昨今は，いろいろな分野において，製品やモノづくりが成熟してくるに従い，機能や性能が飽和状態となり，顧客にとって製品を選択する基準が，機能や性能のちがいではなく製品に対する使いやすさや好みの問題に変わってきている。たとえば，自動車やノート PC を購入する場合，細かいエンジン性能や計算性能などのスペックを基準にするのではなく，運転や操作のしやすさなどのユーザビリティやデザインを基準に製品が選ばれる場合が多い。そのため，製品やシステムを設計・開発する立場からも，新しい機能の開発や性能の向上とともに，ヒューマンインタフェースの設計やデザインが重要な要素になってきている。このようにシステムデザインにおけるヒューマンインタフェースの設計では，利用者にとって，わかりやすく，使いやすい，あるいは使ってみたいと思わせるインタフェース設計がさまざまな分野で重要視されるようになってきた。

また最近のシステムでは，IT技術がいろいろな部分で使用されているため，利用者が情報デバイスをいかに効率的に使用できるかが，システムとしてのパフォーマンスに大きく影響するといわれている。とくにインタフェースにかかわる技術やデバイスの発展は日進月歩であり，最近ではスマートフォンやタブレット，あるいはスマートウォッチやスマートメガネなどをいかに効果的に使用するかが重要な設計因子になることも多い。また，AI技術やIoTにかかわるセンサ技術の発達により，ジェスチャ認識や音声認識の技術も実用的なレベルに到達してきた。その他にも，GPSやビーコンなどの技術と連携して位置情報を利用したサービスや，VRやAR技術を利用した空間型のインタフェース技術もヒューマンインタフェースの重要な要素である。

ヒューマンインタフェースの具体的な設計においては，設計対象について考えるだけではなく，人間の側についての正しい知識をもち，いろいろな側面を考慮した設計が必要である。たとえば，利用者の視点位置からよく見えるか，利用者の手が届きやすいかなどの身体特性，使用者が操作中にストレスを感じないか，長時間の使用で疲労が蓄積しないかなどの生理特性，あるいは利用者にとってわかりやすいメンタルモデルを利用できているかなどの認知特性，「かっこいい」「かわいい」などの対象に対して利用者が感じる感性特性など，さまざまなレベルでの人間の特性を考慮したデザインを行なう必要がある。

このように，利用者のことを考慮し本当に使われるシステムをデザインするためには，構造や機能を設計するだけでは不十分で，よりよいヒューマンインタフェースを設計することが，ユーザに受け入れられるかどうかのキーになる。

2.16

システミックとシステマティック

「システミック」と「システマティック」という言葉がある。どちらもシステムを論ずるときに使われる言葉である。ちなみに，「システムズアプローチ」という言葉もある。システムとしてのアプローチという意味だが，よく見ると，システムズアプローチには，システミックなアプローチとシステマティックなアプローチがある。

システミックとは「システムとして」という意味である。システム全体を，丸ごと全体として，という意味である。「ホリスティック」（全体として）という言葉があるが，ややニュアンスが近い。俯瞰的に，体系的に，というような言葉とも近い。4つの思考法（3.12節「システムの科学と哲学」参照）でいうと，ポスト・システム思考のスタンスに近い。

一方のシステマティックは，システムを要素還元論的に分解して理解するとともに，分解された要素を再構成してシステム全体も理解する，というやり方であり，システムズエンジニアリングの基本はシステマティックであることである。同じく4つの思考法でいうと，システム思考のスタンスがこれに相当する。

参考（『リーダース英和辞典』より）

【systemic】 組織［系統，体系］の；《生理》全身の，全身性の；（特定の）系の；（殺虫剤など）植物全体にわたって浸透し効果を発揮する

【systematic】 組織的な，体系的な，系統的な，規則正しい，整然とした，計画的な；分類（法）の；宇宙の，宇宙的な（cosmical）

2.17

社会システムデザイン

これまでに述べてきたように，慶應SDMでは，技術システムから社会システムまで，あらゆるものごとをシステムとしてとらえ，新たなシステムの開発やシステムの課題解決を行なっている。『広辞苑』によると，「社会」の定義は以下である。

> **【社会】**①人間が集まって共同生活を営む際に，人々の関係の総体が一つの輪郭をもって現れる場合の，その集団。諸集団の総和からなる包括的複合体をもいう。自然的に発生したものと，利害・目的などに基づいて人為的に作られたものとがある。家族・村落・ギルド・教会・会社・政党・階級・国家などが主要な形態。「—に貢献する」
> ②同類の仲間。「文筆家の—の常識」
> ③世の中。世間。家庭や学校に対して職業人の社会をいう。「—に出る」
> ④社会科の略。

したがって，社会システムとは，上述の社会をシステムとして（システミックないしはシステマチックに）とらえることを意味する。システムには，目的をもつシステムともたないシステムがあることをすでに述べたが，社会にも自然的に発生したものと人為的につくられたものとがあると明記されているように，目的をもつものともたないものがあると考えられる。このため，社会システムの研究という場合には，その研究範囲は多岐にわたると考えられる。実際，慶應SDMでは，システムズエンジニアリングの対象とみなせる社会システムから，デザイン思考や社会科学の対象とみなされる社会システムまで，多様な社会システムを対象にそのデザインに関する研究が行なわれている。

2.18

持続可能なシステム

人々は豊かになり，現在だけでなく将来も豊かな社会がつづくことを望んでいる。環境問題のように，現在だけの豊かさのために行動して将来を犠牲にしてはならないことも知っている。しかし，「持続可能性」の意味するところは曖昧であり，その定義は難しい[1]。「持続可能な開発」に関して国際連合のレポートでは，現在と将来の人々の受ける負荷にバランスをもたせることの大切さが述べられている[2]。すなわち，持続可能性を考えるうえで，現在だけでなく将来まで時間軸で評価することが大事である。このためには，持続可能性の評価指標を明確にして，将来めざすゴールとなるシステムをデザインして時間を逆に遡り，現在からどのように進めていくかを提案することが重要である(Proactive approach)。持続可能性評価指標について，ドイツ議会は社会性と経済性と環境性の３つの軸を有すると定義している[3]。すなわち，多視点評価が大切であり，社会学，経済学，政治学，工学など多原理を融合した学問が求められる（Interdisciplinary approach)。

地球温暖化，エネルギーセキュリティ，高齢化社会における都市・交通などの問題は，社会の持続可能性に関する問題である。一個人はもちろん，一企業や一つの国で解決できる問題でないことが多く，国際的にあるいは制度も含めて社会のシステムとして考える必要がある。たとえば，発展途上国のモータリゼーションによってこのままガソリン自動車が増えつづければ，地球温暖化に悪い影響を与えるということが広く認知されてきている。自動車メーカー各社は，環境自動車（Clean Energy Vehicle；CEV）すなわち電気自動車や燃料電池自動車などの開発競争を行なっており，政府はCEV普及のために減税などの助成を行なっている。社会システムと技術戦略を同時に時間軸でかつ幅広いステークホルダーのもとに考える問題を解決しようとする取り組みは「社会・技術的アプローチ」(Socio-technical approach）とよばれている。今後，CEVがますます普及するためには，技術進歩，税制度などの政策，新規ビジネスモデル，社会インフラ整備，消費者受容，金属資源稀少化，リサイクルなどを考慮した包括的なシステムデザインが必要と考えられる（Holistic approach)。

持続可能なシステムをデザインするためには，将来の目標を定め，時間軸で将来から現在に遡りながら方策をデザインする必要がある。将来を完全には予測できないので，複数のシナリオを考案してシミュレーションを行なう必要がある。社会・技術的システムをモデル化してシミュレーションしておけば，その後，現実が予想と外れていっても，それに早く気づくことができ，政策変更や企業の意思決定を適切なタイミングで行なうことができる。

慶應SDMでは持続可能なシステムの研究が数多くある。その一部を参考文献[4～8]にあげる。

参考文献

1) Masaru Nakano：Supply Chain Management for Sustainability, eds. Lee, K.M., Kauffman, J., Handbook of Sustainable Engineering, Springer Science+Business Media Dordrecht, pp. 427-450, May, 2013.
2) United Nations：Brundtland Report. Work Commission on Environment and Development: Our Common Future, Oxford, 1987.
3) German Parliament：Closing report of the Enquete-Kommission, 13/11200, Berlin, 1998.
4) Yudha Prambudia, Masaru Nakano：Integrated Simulation Model for Energy Security Evaluation, *Energies*, **2012**, Vol. 5, pp.5086-5110, 2012.
5) 大澤潤・中野冠：クリーンエネルギー自動車のポートフォリオ多目的最適化モデル，エネルギー・資源，３月号（通巻216号），2016.
6) 中野冠：クリーンエネルギー自動車普及のためのシステムデザイン，システム／制御／情報，Vol.54, No.12, pp.465-470, 2010.
7) Yoshiki Ito, Tomomi Nonaka and Masaru Nakano：Evaluation of Countermeasures for Low Birthrate and Aging of the Population in a Suburban New Town, the 2nd international conference on Serviceology (ICServ2014), pp.215-220, Yokohama, September, 2014.
8) Atsushi Yoshinaga, Tomomi Nonaka, Masaru Nakano：Simulation of urban redevelopment for sustainable urban infrastructure in consideration of disaster prevention of crowded city blocks of wooden dwellings, 7th Asia-Pacific Conference on Systems Engineering (APCOSE), Yokohama, September, 2013.

2.19

ゲーミフィケーション

「ゲーミフィケーション」とは，一般に社会やビジネスの課題をゲーム化し，解決・教育に利用することをいう。現実の社会やビジネスの課題をゲーム化したゲームは，プレイすることによって快楽が得られるエンタテイメントゲームに対して，「シリアスゲーム」とよばれることがある。ゲーミフィケーションのプロセスは，システムズエンジニアリングの概念と同じく，ステークホルダー分析，要求分析から始まり，ゲームアーキテクチャを開発したのち，検証・妥当性確認が行なわれる。ゲームの用具として，ゲーム盤，トランプ，折り紙，パソコンが使われる。

慶應SDMでは，プロダクトデザインゲーム（設計・生産），経営ゲーム（事業創造），交渉ゲーム（地域問題，エネルギー問題），リーンゲーム（無駄取り），アイデア創出ゲーム（イノベーションマネジメント），サプライチェーンゲーム（全体最適），業務改革ゲーム（人材育成），プロジェクトマネジメントゲーム（コミュニケーション）などを行なっている。業務改革ゲームでは，Plan-Do-Check-Actionのプロセスで行なわれる（図参照）。まず，チームで戦略を立て，ゲームを経験したのち，チームメンバーで改善手段を考え，実行に移す。そして，これを繰り返す。サプライチェーンでは，ボトルネック，鞭効果，再構成，市場競争，KPI（Key Performance Index）が理解できるよう複数のゲームを用意している。

ゲームを教育に用いる場合，システムのダイナミックな振る舞いを体験し，競争や協調がシステムの生み出す結果にどのように影響するか，を学習するものが多い。一般的に，ゲームの結果はチーム内のメンバー構成や対戦相手によって大きく変わる。したがって，不確実な社会やビジネスにおける対応能力

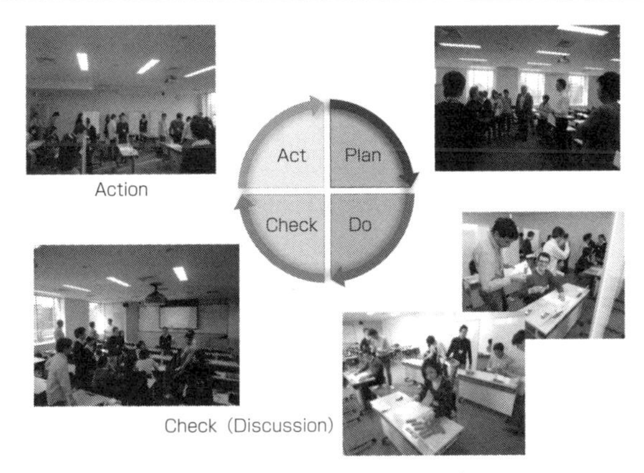

図　Plan-Do-Check-Action のプロセス

を養う意味で価値があると考えられる。実際，留学生グループと日本人グループに分けると，戦略が大きく異なることもあった。

また，修士研究などで社会問題や経営問題を対象とする場合，実際の社会で実証することはきわめてむずかしいので，対策案の検証にゲームを用いることもできる。慶應SDMでは，ゲームにおける人間の振る舞いをモデル化してシミュレーションする研究も行なわれている。

ゲームの中には，ゲームを理解するのに少し時間を要する場合がある。その理由は，たとえば次のとおり。

(1) ゲームの目的をわざと説明していない。完全にわかってしまうと，どうプレイすればよいか，わかってしまうことがある。
(2) ルールは，状況に応じてファシリテーターが決める柔軟性がある。
(3) 簡単化してあるので，現実の知識が理解を阻むことがある。

そのようなときは，ゲームを始める場合，次のような留意事項をあげている。

(1) まず楽しむことを第一にして始めてください。勝ちにはこだわり，しかし後でしこりを残さないようにしましょう。
(2) ルールを完全に理解していなくても大丈夫。ゲームを進めるにつれてだんだんわかってきます。少しぐらいまちがってプレイしても大丈夫。ファシリテーターが修正をお願いします。

実際，最後には皆楽しんで学習することになるのである。

2.20

リスクマネジメント

リスクマネジメントにおけるリスクの定義は，学術分野ごとに多様である。『広辞苑』では，「危険」，「保険者の責任」，「被保険物」とされているが，システム・工学的分野では，「ヒト・モノ・カネなど私財ないし公共財に与える脅威の発生の確からしさとそれによる負の結果の組合せ」と定義している。すなわち，想定どおりに物事や計画が運ぶことに悪影響を与える可能性がある要素を「ハザード」（潜在的リスク）と定義し，これが顕在化する程度を「リスク」と考えている。近年，経済学では，ある事象および状態の変動に関する不確実性をリスクとよんでおり，結果は組み込んでいない。したがって，リスクは，予想よりも悪い結果についても，良い結果についても包含するという広義の解釈がなされた。ISO 13000 として ISO Guide73 に準拠して定義がなされた。以下に述べる。

Risk = effect of uncertainty on objectives
リスク＝諸目的に対する不確かさの影響

備考 1　影響とは，期待されていることから良い方向・悪い方向へ逸脱すること
備考 2　諸目的とは，たとえば，財務，安全衛生，環境，戦略，プロジェクト，製品，プロセスなどさまざまな到達目標，さまざまなレベルで規定される
備考 3　不確かさとは，事象やその結果，その起こりやすさに関する情報，理解，知識などが，たとえ一部でも欠けている状態である
備考 4　リスクは，事象（周辺環境の変化を含む）の結果とその発生の起こりやすさとの組合せによって表現されることが多い

第 3 章
教育の事例

この章では，教育の事例として，修士課程必修科目を中心とした，おもな教育内容について述べる。なお，必修科目は，「デザインプロジェクト」(3.5 節) までの 5 つと，最後の「修士論文・博士論文」(3.14 節) である。

3.1

システムデザイン・マネジメント序論

システムデザイン・マネジメント序論は，入学後最初に学ぶ授業であり，システムズエンジニアリングの基礎を学ぶとともに，コア科目の一つであるプロジェクトマネジメント，プロジェクト科目であるデザインプロジェクトとの関係性を学ぶ。また，システムズエンジニアリングの考え方が単にものづくりだけに使われるのではなく，あらゆるシステムを実現するためのアプローチであることを知識として理解したうえで，体感的に実感することを目的としている。

上記の目的を実現するために，カリキュラムは以下のとおりとなっている。

〔1 コマ〕導入

SDM 学の基礎となる用語の定義から，他のコア科目・プロジェクト科目との関係など，SDM における中心的授業の全体像を知ることを目的としたコマとなっている。

〔2 ～ 3 コマ〕前提的知識の習得

SDM 学の土台となっているシステムズエンジニアリングを学ぶための前提知識ともいえるロジカルシンキングとシステムシンキングについて学ぶ。

〔4 ～ 7 コマ〕システムズエンジニアリングの基礎

システムズエンジニアリングの全体像を学んだうえで，システムズエンジニアリングを構成する 4 つの項目である，システム設計，インテグレーション，評価・解析，システムズエンジニアリング管理，のそれぞれの項目ついて演習形式で実際に手を動かして体感的に学ぶ。

〔8 ～ 13 コマ〕システムズエンジニアリングの適用

ここでは，システムズエンジニアリングの基礎として学んだことを多様な対

図　グループワークの様子

象に適用することで，SDM 学の土台であるシステムズエンジニアリングの理解を深める。具体的には，ビジネスのデザイン，組織のデザイン，そしてコミュニティのデザインに，4～7コマで学んだ用語，アプローチ，手法を適用することで，対象をシステムととらえてデザインすることを理解することを目的としている。

〔14～15コマ〕まとめ

最後に，期末テストで知識の総チェックをしたうえで，学生と教員とのディスカッションを行ない，SDM 序論にとどまらない SDM 学全体についての質疑を行なう。

2コマ目から7コマ目については，知識は e ラーニングのビデオを使った予習で行ない，授業では実際にその知識を使って体感的に理解する。実際には，グループでワークを実施する（**図**参照）。これは，多様な学生が集まる慶應 SDM では，グループワーク形式で実施することにより，進んでいる人も「教えることによる学び」を通じてより本質的な理解を進めるためである。ただし，宿題は基本的には個人ワークとしている。また，2コマ目～13コマ目では小テストを毎時間行なうことで，e ラーニングで学び授業中に体感的に理解したことをもう一度問いなおし，知識の定着を図っている。

3.2

システムアーキテクティングとインテグレーション

日本型開発の特徴として「擢り合わせ」技術の優れた点をあげることがよくあるが，これをシステムインテグレーション（以下SI）の際に実施するのは極力避けるべきである。比較的単純な製品の開発であれば，製品を構成する部品を統合する際に行なう擢り合わせで製品をまとめることができる可能性はある。しかしながら，ハードウェア・ソフトウェアなどの構成要素が複雑に関係性をもつ製品の場合，統合時の擢り合わせではまとめられない可能性が高い。「擢り合わせ」という言葉は，機械部品を組み上げる際に2つの部品が接する面を互いに擢り合わせて仕上げるところから来ている。しかしながら，こうした擢り合わせは元来，設計の際に組み立て時の精度を勘案して製造されたうえで行なわれていたことである。複数の分野にまたがる構成部品からなる複雑な製品になれば，SI時の擢り合わせでは立ちゆかないことは自明といえる。

“Reconciliation”という英語は通常，「調停」，「和解」を意味するが，これらは「擢り合わせ」に近い意味合いをもつ。Design Reconciliation（設計時の擢り合わせ）はおおいに行なうべきことであるが，Integration Reconciliation（統合時の擢り合わせ）は避けなければならない。このことは，システムアーキテクチャ（以下SA）を正しく構築することによって初めてSIを実現できることを意味する。レナオルド・ダ・ビンチの言葉，「十分に終わりのことを考えよ。まず最初に終わりを考慮せよ」[1)] に象徴されるように，インテグレーションすることは最初からわかっているのだから，アーキテクチャを検討する初期の段階でそれを考慮しておく必要がある。インテグレーションの段階での「擢り合わせ」は，大きな「手戻り」を発生させることになり，QCDを守ることがむずかしくなる。このことはプロジェクトの失敗を意味する。

慶應SDMで必修科目として位置づけられる「システムアーキテクティングとインテグレーション」（以下SA&I）は，まさにこの「手戻り」といわれる問題を解決に導くための科目である。統合段階からの大きな手戻りを防ぐには，要求分析により要求を定義し，そこからシステムに求められる機能を分析し，それらの機能を総合することによりSAを定義し，システムを正しく規定することが必要である。こうした一連の作業には2.12節で述べたシステム解析を行なうことが重要となる。また，導出された要求の妥当性を確認し，導出された機能を検証し，機能を割り当てた物理アーキテクチャの定義が正しいことを検証する必要がある。これらの検証や妥当性確認は，SA&Iと同じく必修科目である「V&V」（Verification and Validation）の中でも講義される。また，要求定義からSAを定義するまでの段階で，統合後に行なわれる検証と妥当性確認の計画を立てておくことはきわめて重要なことである。検証済みの構成要素を統合したシステムがシステム仕様を満足することの検証計画，要求と合致した正しいシステムが得られたことの妥当性確認をとる計画を立てておくことが必要である。

アーキテクチャの記述に際しては，国際標準ISO/IEC/IEEE 42010[2]に基づき，対象とするシステムの利害関係者がもつ関心を枠に収めるビューポイントと，それが決定するビューを設定することの重要性を理解するよう講義を行なっている。また，2.11節で述べたMBSEに基づきシステムモデルの段階的な詳細化を進めてアーキテクチャを構築していくことが，抜け漏れをなくすために有効であることを徹底して講義している。

SA&Iでは，製品やサービスなどの技術システムを対象とするのみにとどまらず，社会システムにとって重要な政策のアーキテクティングについても，そのアプローチに関する歴史的な背景を網羅し，慶應SDMとしての取り組み方を明確にしている。

参考文献

1）レオナルド・ダ・ヴィンチの手記（上），杉浦明平訳，岩波文庫，p.38
2）INTERNATIONAL STANDARD, ISO/IEC/IEEE 42010, First Edition, 2011-12-01

3.3

システムの評価と検証

この科目は必修科目のひとつであるため，修士課程の学生は全員受講する必要があり，別途，日本語を母国語としない学生を対象とした英語での講義も行なっている。講義内容を理解するためには英語の講義名のほうがわかりやすく，System Verification and Validation（以下 V&V）としている。日本ではシステムを評価するにあたり，この Verification と Validation のちがいを明確に意識することは多くないが，慶應 SDM での教育では，そのちがいや 2 つをともに理解することの重要性，また実際のシステムに適用するための考え方やプロセス，手法についての講義を行なっている。

なぜシステムに対して評価を行なわなければならないのか。それは，目的を成し遂げるためのシステムを構築・運用するにあたり，システムに求められた品質，コスト，納期を満たすために，システムの構想時からアーキテクチャの検討やインテグレーション，運用に至るまでのそれぞれの段階でその成果を確認し，場合によっては仕様の改善や変更の判断を行なう必要があるからである。

Verification と Validation のちがいは何か。そのちがいは，“Are we building the system right?”（正しくシステムを構築しているか？）もしくは “Proof of Compliance with Specifications”（仕様に従っていることの評価）と，“Are we building the right system?”（正しいシステムを構築しているか？）もしくは “Proof of User Satisfaction”（ユーザが満足していることの評価）のちがいであると説明されることが多い[1]。実際に存在するシステムでも，「仕様書どおり構築したけれど，ユーザが満足せず利用されないシステム」や，「ユーザは満足しながら仕様どおりに実現できない，もしくは，運用途中で不具合が生じるシステム」は数多く存在する[2]。つまり，Verification と Validation のちがいを理解しそれらを組み合わせた評価を行なうことが，目的を成し遂げるためのシステムを構築・運用するためには重要である。日本語では，「検証」と「妥当性確認」と訳されることもあるが，その言葉だけでちがいを理解することはむずかしい。

講義においては，V&V の言葉の理解から，その目的，考え方，そしてシステム構築にあたって，V&V をいつ，どのように行なうべきかについての解説と実例を用いた演習を行なう。いつ行なうべきかについては，仕様の改善や変更の必要があるのであれば，それを早期に発見することが，システムに求められた品質，コスト，納期を満たすためにも重要である。しかし，たとえば，システムが実際に存在しない段階では，その使い勝手を実際に試してみるといった「実証（Demonstration）」はできず，もし，その段階でシステムの動作のアルゴリズムが仕様として決まっているのであれば，動作のロジックを「解析（Analysis）」や「検査（Inspection）」によって評価することができる。つまり，それぞれの段階において，V&V を行なう際に適用できる手法が異なる。また，評価対象となるシステムが，たとえば動作の再現性の高い技術システムなのか，システムの境界を明確に定義することすら容易ではない社会システムなのかによっても，V&V のプロセスや手法が多様である。それらを踏まえて，学生が V&V を計画し，実施する能力をつけることができるよう講義を行なっている[3]。

参考文献

1）Kevin Forsberg, Hal Mooz, Howard Cotterman：Visualizing Project Management: Models and Frameworks for Mastering Complex Systems, Wiley, Third Edition, 114 pp., 2005.

2）A. Terry Bahill, Steven J. Henderson：Requirements Development, Verification, and Validation Exhibited in Famous Failures, Systems Engineering, Vol. 8, No. 1, pp.1-14, 2005.

3）Rashmi Jain, Naohiko Kohtake：Teaching and Learning with Case Studies: A Multicultural Perspective, Information Systems Education Conference, 2015.

3.4

プロジェクトマネジメント

SDM学の基盤の一つである「プロジェクトマネジメント」は，システムズエンジニアリングでデザインされたシステムや，デザイン思考で協創された構想を，実現に向けて具体的に計画し，完成までの期日や費用，成功基準などを明確にして作業を進めていくためのプロセスやツール，技法などの成功事例（グッドプラクティス）を集めた体系であり，慶應SDMではそれを学ぶ講義の科目名でもあって，必修のコア科目となっている。

ここでいう「マネジメント」とは，経営や管理という意味も含まれるが，もっと現場目線の業務活動を意味している。英語の“Manage”という動詞は，「上手に扱う，どうにかして達成する」という意味があり，実務者レベルでの責任感，成功させようとする意欲，チームメンバーの結束力などを高めて，あらゆる状況を判断しながら設定した成功基準をめざして知恵を出し合っていく活動である。

この分野の知識体系として，PMI（Project Management Institute）が発行しているPMBOK®ガイド（プロジェクトマネジメント知識体系ガイド）が慶應SDMにおける教科書となっている。本科目は必修科目となっているため，春学期は日本語で，秋学期は留学生向けに英語で開講している[1)]。また，PMIが認定する資格PMP®（Project Management Professional）の取得をめざすのが，学生たちの一つの目標にもなっており，毎年，そのための「PMP®受験対策講座」も開講している（一般受講可）。

日本においてプロジェクトマネジメントは，社会に出てから身につける実務スキルであって学問ではないという一般認識がいまだに強く，教育に取り入れていない大学が多いが，世界の動向を見ると学生のうちに学ぶべき基礎能力であるとの理解が急速に進んでいて，積極的に教育に取り入れている大学が急増している[2)]。慶應SDMでは，こうした動きに後れをとらないだけでなく，むしろ世界的に優れた実力をもつ日本のプロジェクトマネジメントを，アカデミックに研究し，世界の先端を行く教育をすべきだと考えている。

近年，プロジェクトを取り巻く社会環境の変化が非常に激しくなってきており，第1章で述べたように，急激なグローバル化や情報ネットワークの高度化の影響を受けて，世界中に分散したチームをまとめていかなければならないだけでなく，プロジェクトを成功に導くために考慮しなければならない周囲の状況や環境，顧客や利用者の要求などが，これまでになく互いに複雑で広範囲に影響しあうようになってきている[3)]。

顧客要求が明確で仕様がきちっと決まっている従来の計画駆動型（ウォーターフォール型）のプロジェクトマネジメントでは，予測困難に変化する要求や，あいまいで感覚的な要求に的確に応えることが難しくなってきており，むしろ積極的にプロトタイピングとフィードバックの反復（イテレーション）を繰り返していく変化駆動型（アジャイル型）のプロジェクトマネジメントに変わりつつある。

こうした状況において，慶應SDMでは，われわれの強みでもあるシステム×デザイン思考を取り込んだ新しい手法で，プロジェクトマネジメント教育の変革を始めている。毎年秋に開催している一般向け講座「システム×デザイン思考を実践に生かす～プロジェクト・デザイン合宿研修」では，数年前からその先駆けとなる研修を開始しており，受講希望者数は年々増えつづけキャンセル待ちが出るほどの状況にある。

参考文献

1) 永谷裕子・当麻哲哉：慶応義塾大学大学院SDM研究科の英語でのPM講座の事例紹介．工学教育，**61**（5），51-54, 2013.

2) 当麻哲哉：論説：世界のプロジェクトマネジメント教育の現状と教育プログラムの国際認定制度“GAC”．工学教育，**61**（5），16-21, 2013.

3) 当麻哲哉 監訳，長嶺七海 訳：『グローバルプロジェクトチームのまとめ方　――リーダーシップの新たな挑戦』，慶應義塾大学出版会，2015.

3.5

デザインプロジェクト

デザインプロジェクト（D プロ）とは，「システム×デザイン思考」(2.6 節）を適切に用いながら，社会に新しい価値や価値の変化をもたらすプロダクトやサービスなどをシステムとしてデザインすることをめざすプロジェクト型講義である[1)]。プロポーザとよばれる企業や自治体が抱える実際の課題に対して，5～6 名のチームで問題定義からソリューションの創出までを行なう。これは 2008 年の創立以来，修士課程必修科目として開講されている慶應 SDM の看板科目のひとつである。

D プロの大きな特徴は，プロポーザ自身も解決策を見いだせていないリアルな課題が提示され，そこから解決すべき問題を自分たちで定義する点である。チームで現地を訪問したり利害関係者の話を聞いて要求を把握したりしながら，見たことも聞いたこともない新しい切り口を見いだしていく。イノベーティブに考えるというマインドセットを最も重要視しており，その助けとなるさまざまな手法を，演習を交えながら学ぶ。そのなかで，これまでにないビジネスモデルやイノベーティブなシステムをデザインするための実学を身につけることができる。さらにチームでプロジェクトを進めることの楽しさと大変さを深く経験することができる。

2016 年度の場合，協力いただいたプロポーザは以下のようにきわめて多彩で，長野県小布施町，武田薬品工業，東京電力，ニコン，パスコ，ミズノ，リコーであった。D プロが終了したあともさらに改良を続けて，翌年の「ミラノデザインウィーク」に成果を出展するチームもある。世界有数のデザイン展示会で成果を示して世界中の人々の反応を見るという貴重な経験を得ることもできる。

図　KEIO EDGE LAB クリエイティブラウンジ

Dプロからの知見を活かして，2012年度以来，短縮版を慶應イノベーティブデザインスクールと称して一般公開している。また，2014～16年度にはグローバルアントレプレナー育成促進事業（EDGEプログラム）を文部科学省から受託し，政策・メディア研究科，理工学研究科と連携して，イノベーション・起業家教育を実施している。その一環で「KEIO EDGE LABクリエイティブラウンジ」を整備した（**図**参照）。3Dプリンタやレーザーカッターなどの最新仕様の機器を数多く設置して，さまざまな人々が手軽にプロトタイピングを行なうとともに相互交流する場として活用されている。その他，慶應丸の内シティキャンパスでの講座や，企業との共同研究などの形で外部向け講座開設や研究協力を行なっている。これらのさまざまな活動を通して獲得した知見が翌年度のDプロに反映されており，毎年進化を遂げている。

参考文献

1）五百木誠：システム×デザイン思考によるイノベーティブ思考教育の実例．イノベーション教育学会第4回年次大会，2016.

3.6

システムデザイン・マネジメント実習

学びを得る際に，教員からの解説を聞き，理解する座学形式の講義よりも，解説を経て具体的な事例を対象に学びを適用することで理解する実習形式の講義のほうが，より学びが深まることが多い。とくに，実務経験のある学生とない学生が混在する慶應SDMにおいては，おもに実務経験がない学生に対して形として目に見えにくいシステムデザイン・マネジメントの方法論を教育するにあたり，どのようなカリキュラムで進めていくかという点についてはさまざまな工夫を重ねている。そのなかで，この科目は必修科目の一つである「システムデザイン・マネジメント序論」の理解を深めるための実習として，おもに実務経験のない学生からのリクエストによって補講として開始した講義である。実務経験はあるけれども，体感しつつ体系的に学びを得たい学生も対象にしており，実際には企業や公的機関に所属する学生が所属組織でシステムデザイン・マネジメントの教育を行なうための事例として理解するために受講することもある。

具体的には，教員はシステムデザイン・マネジメント序論での講義内容をふまえ，具体的なシステムを対象にし，システムの構想時からアーキテクチャの検討やインテグレーション，運用に至るまでのそれぞれの段階を講義ごとに簡単な解説をしつつ，学生5～6人によるグループごとにシステムデザインの支援を行なう。なお，教員は，「解説をしつつ学生のシステムデザインの支援を行なう担当教員」と「学生グループに対して曖昧な発注を行ない，その後，学生からの質問に定期的に回答する仮想発注元の役割を担う担当教員（以下，顧客役の教員）」の2人が講義に参加する。その役割を明確に分けることで，学生にはシステムをデザインするためのカスタマーとのコミュニケーションの方法についての学びを提供できるように配慮している。

年度ごとにデザインするシステムのテーマを決めており，たとえば2015年度および2016年度は，川崎市役所の協力を得て，それぞれ「川崎市内の子供の見守りシステムのデザイン」と「宮前区の魅力向上システムのデザイン」に各学生グループがチャレンジした。なお，システムデザインにおけるそれぞれのフェーズにおいて，要求仕様書，設計仕様書，試験計画書，試験報告書をドキュメントとしてまとめ，顧客役の教員のレビューを受け，審査に合格する必要がある。また，講義の終盤に行なうシステムのプロトタイプの納入に際しては，それを利用するためのマニュアルなども用意する必要がある。ドキュメントをまとめるという作業によって，グループによる議論をまとめ，その内容を検証し，伝えるという能力をつけるということもこの講義のねらいである。

最初は，発注元の役割を担っている教員に対し，「つまり，どのようなシステムが必要なのかを教えてください」というような質問を投げかける学生チームも，インタビューや現地の観察によって正しい要求を抽出するポイントを理解し，またシステムデザイン・マネジメント序論で学んださまざまな考え方や手法を実際に適用することで学びを深めていく。川崎市役所や市民の方々に「そんなシステムは必要としていない」，「提案システムがどのようなものかが理解できない」という意見をいただくことで，学生は悩みながらも試行錯誤しつつ改善を重ねていく。テーマが同一であっても，デザインするシステムのアーキテクチャはさまざまであり，それを目の当たりにすることでシステムデザインの意味を理解する学生も多い。革新的なシステムを創出することが講義のねらいではなく，慶應SDMの基本的な考え方を実習で学ぶことが最大のねらいであるが，実際にカスタマーとなりうる方々とのコミュニケーションをとりながらシステムデザインを行なうため，講義がすべて終了したあとに既存のシステムの一部に学生チームがデザインしたシステムが取り入れられるというようなことも起きている。Learning by Doingを適用した慶應SDMの講義の一例である。

3.7

システムのモデリングとシミュレーション

この授業では，理科系の学生だけではなく文科系の学生に，システムに対するモデリングとシミュレーションの手法の使い方を理解してもらうことをめざしている。モデリングではSysMLなどのモデリング言語を用い，対象の要求，構造，振る舞いなどをシステムとして記述する方法を学ぶ。一方，シミュレーションは，Excelなどのスプレッドシートで実行可能なシミュレーションから，有限要素法や境界要素法などの計算機を使用した数値シミュレーションまで，千差万別である。そのため，自分の目的に応じた方法やツールを使用できることが重要である。

授業の目的は，特定のツールの使い方を教えることではなく，問題に対してどのようにモデル化を行ない，シミュレーションによって何が検証できるのかを体験的に理解してもらうことである。そのため，解ける課題を解くのではなく，実際の現実社会の課題に対して，何が問題で，どうモデル化ができ，どういうアイデアが考えられるか，を体験することをめざしている。そのため，当然解ける保証はないが，試行錯誤の過程を体験し，皆で共有し，また考えることを重視している。

具体的な課題としては，横浜消防局の協力により救急救命システムの改善という問題を取り上げ，グループ演習として検討を行なっている。横浜市では数年前から消防司令センターに医師が控え，コールトリアージや救命活動隊などの新しいシステムを導入している。このシステムでは，119番通報があった際に，電話応答でいくつかの質問によるトリアージが行なわれ，緊急度・重症度の高いディスパッチレベルに判定されると，小回りの利く救命活動隊を含め優先的に近くの救急隊に出動命令が出されることで，重症患者に対する救急車の

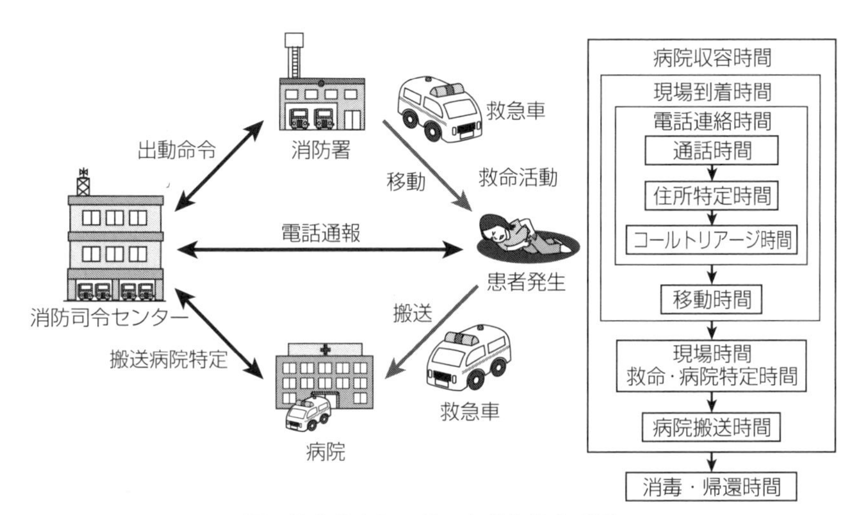

図　救急救命システムと救急救命時間

到着を早めることをめざしている。演習では，新システムの導入効果を評価するだけではなく，救急車の待機方法の改善，消防署の配置変更，トリアージ方法の改善など，さらなる改善案についても検討を行なっている。また，シミュレーション手法についても，モンテカルロ法，経路探索，システムダイナミクスなど，さまざまなレベルでのモデル化とシミュレーションの適用を行ない，種々の検討が行なわれている。当然，授業ですべての手法を教えられるわけではないが，自分たちで試行錯誤を体験することこそが重要と考えている。**図**は，救急救命システムの枠組みと救急救命時間の関係を示したものである。

3.8

モデル駆動型システム開発の基礎

INCOSE(International Council on Systems Engineering)では，SE Vision 2025[1]を2014年6月に発行し，そのなかで，モデルに基づくシステムズエンジニアリング（以下MBSE）は2025年には半ば常識的に利用されていると予測している。このMBSEに取り組む際に，システムモデルの記述方法としては，現時点ではSysML（Systems Modeling Language）[2,3]が中心的な存在となっている。他に，OPM（Object-Process Methodology）[4]なども提案されているものの，システムを構造，振る舞い，要求，パラメトリック制約の4つの柱で記述することができる点（**図1**）で他を圧倒している。

慶應SDMでは，2007年の開設準備段階から，MBSEとSysMLに関する講義を実施する方向で検討を進め，2008年の開設以来，毎年秋学期科目としてローレント・バルメリ氏（元IBM）とともに西村が担当している。**図2**に示すように，システムモデルを中心に据えることは，要求を分析し，システムが果

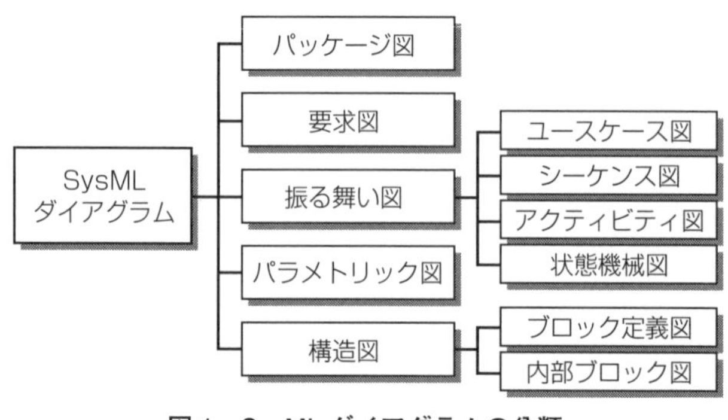

図1　SysMLダイアグラムの分類

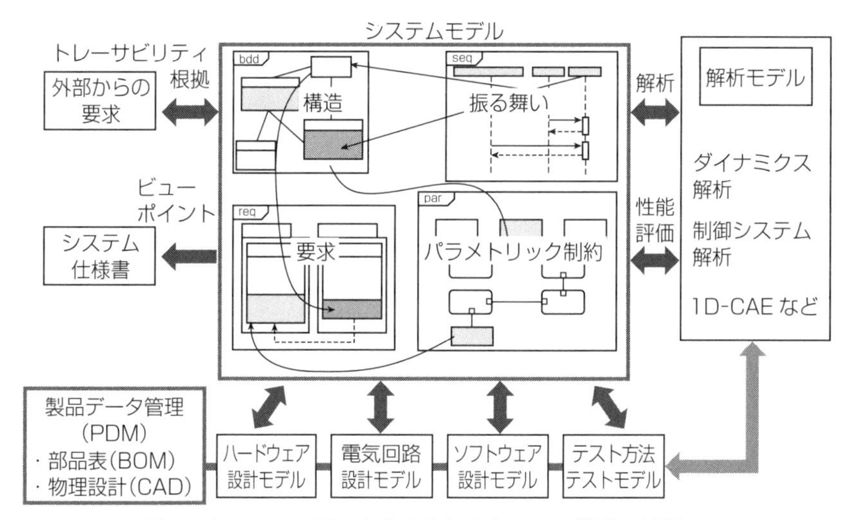

図２　システムモデルを中心としたシステム開発の枠組み

たすべき機能を明確にし，システムを規定したうえでアーキテクチャを構築する一連のプロセスから，システム構成管理，システム解析，検証に至るまで有効にはたらく。この講義では，コンテキストレベルでの要求分析から機能分析に至るシステムズエンジニアリング初期の段階にてシステムモデル記述を習得するための講義を行なっている。

参考文献

1) INCOSE Systems Engineering Vision 2025 (June 2014). http://www.incose.org/docs/default-source/aboutse/se-vision-2025.pdf?sfvrsn=4
2) Sanford Friedenthal, Alan Moore, Rick Steiner：A Practical Guide to SysML, Third Edition, The Systems Modeling Language, The MK/OMG Press.
3) 西村秀和 監訳：システムズモデリング言語SysML．東京電機大学出版局，2012.
4) E.F. Crawley, Dov Dori：Object-Process Methodology: A Holistic Systems Paradigm, Springer, 2002.

3.9

バーチャルデザイン論

ユーザを徹底的に観察し，プロトタイプをつくり，ユーザがそれを試した結果をもとに改善を繰り返す「デザイン思考」が2000年代以降注目されている。デザイン思考を活用すると，ユーザの価値観を正確に見いだし，それをもとに製品・サービスをゼロから創造することに役立つ。また，新しい価値を見いだしたのち，その製品・サービスを設計するときにも，使う人間の立場や視点に立って設計を行なう「人間中心設計」の重要性が唱えられている。しかしながら，コンセプト創造から詳細設計において，人間中心設計はまだ広く普及していない。設計開発における時間的・人的・資金的制約のために，人間中心設計を行なう余裕がないだけでなく，人間中心設計の手法がまだ広く知られていないことにも原因がある。

そこで，慶應SDMが設立された2008年以降，毎年開講している「バーチャルデザイン論」では，学生が人間中心設計を学び，実際に実践することで体得することをめざしている。本科目では，学生がデザイン思考を用いた共感，問題定義，アイデア創出を行ない，実際のプロトタイプを試作する。例題として用いているテーマは，新しいコンセプトの椅子であり，受講学生は，ユーザの要求を発見して椅子の人間中心設計を行なう（図参照）。学生はタンジブルなプロトタイプをつくるために，CADソフトウェアを用いて設計をし，コンピュータ支援による解析，強度計算などのシミュレーションを行ない，さらに実物大のものをつくらずにユーザビリティを検討するために，バーチャルリアリティの技術を用いて設計データを3次元的に体感して，その使い勝手を検討する。最後に学生は3次元プリンタを用いて製作したプロトタイプを想定ユーザに見せて意見をもらい，それをもとに設計のフィードバックを行なう。学生

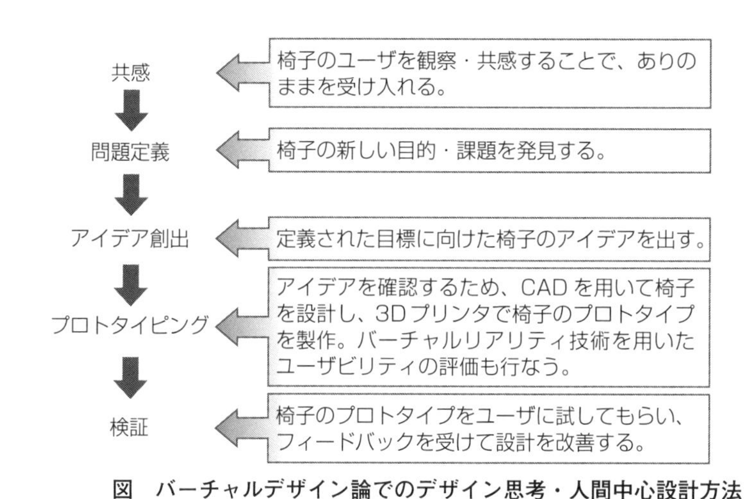

図　バーチャルデザイン論でのデザイン思考・人間中心設計方法（椅子のデザイン例）

はこれらの実践を経験することにより，人間中心設計の意味を体得することができる。

3.10

環境システム論

本科目は，地球温暖化などの環境問題を社会・経済のシステムとしてとらえる。ここでいう「環境問題」とは，地球温暖化だけでなく，エネルギーセキュリティ，有毒物質による健康被害，金属資源枯渇による工業の停滞，土壌汚染，水不足，食糧危機，廃棄物の処理，希少生物の絶滅，地震などの災害を含む。これらに対処するには，多くのステークホルダーが協調して役割を負う必要がある。たとえばリサイクルにおいて，政治はいわゆるリサイクル法を制定し，企業は回収・リサイクルに協力するとともに省資源化やリサイクル技術の開発に努めなければならない。わが国では，消費者はリサイクル費用を負担してその運用を監視するとともに，環境にやさしい製品を選別して購入するようにすべきである。

本科目では，まず環境問題を理解するために，地球温暖化問題，エネルギーセキュリティ，金属資源とくにレアメタル問題の概説を行なう。次に，企業の観点から環境にやさしい製品設計（エコデザイン）を，生活者の視点からエコライフを，社会システムの観点からリサイクル，環境都市，企業社会責任（CSR）を演習とともに学ぶ。環境システムをデザイン・マネジメントするうえで「持続可能性」（2.18 節「持続可能なシステム」参照）の 4 つのアプローチ（Proactive approach，Interdisciplinary approach，Socio-technical approach，Holistic approach）を理解することが重要である。

持続可能性評価の方法として，環境的評価，経済的評価，社会的評価が説明される。環境的評価として，ライフサイクルアセスメント（LCA）を学び，環境にやさしい製品の普及が経済に及ぼす影響を知るために，産業連関表と一般化均衡モデルが説明される。社会的価値を測るために，仮想市場評価法やヘドニック法が教えられる。環境にやさしい製品の普及度を推定するためのマーケットシェアモデル，社会の活動・技術イノベーションが他の要因に連鎖していく仕組みをシステムダイナミクスで評価する手法，ゲーム理論，マルチエージェントシステムなどのモデリング＆シミュレーション手法を，関連する他の経営学や経営工学にかかわる講義（ビジネスシステムのシステムズアプローチやビジネスシステム論）で併せて学ぶことが推奨される。一方，環境システムの問題をインタビューや事例研究などで定性的に仮説・検証するためには，エスノグラフィーや定性的因果推論など社会学研究方法論をしっかり身につけることが必要であり，ビジネスシステム論を併せて履修すると学習効果が高い。

本科目では，ゲームを用いて社会問題を考える授業も行なわれている。複数のステークホルダーの利害が異なる場合に交渉によって合意を得るゲーム，あるいは自分だけが利益を得ようとするとかえって不具合が起こることを体験するゲーム，将来のリスクが予想できないなかで関係者の合意を得るゲームなどが用いられている。

本科目を受講する学生のなかには、学んだ手法を用いて研究をする者も多い。次のテーマは、その一例である。本科目の目的の一つは，それらの研究が可能なための基礎的な知識を教えることである。

①わが国の2030年の二酸化炭素排出とエネルギーセキュリティと雇用を考えて、どのタイプの環境自動車を普及させるように政策を進めればよいか？

②日本で原子力発電所をすべて廃棄するならば、将来にわたるエネルギー問題、経済への影響はどうであろうか？

③在宅勤務がさらに普及することの、環境的、経済的、社会的な影響はどうであろうか？

④今後の石油価格と金属価格の高騰を考えると、自動車会社はいつまでに銅やプラチナの代替技術を開発しなければいけないか？

⑤中国が日本の環境技術を導入すれば、中国の大気汚染はどの程度よくなるであろうか？

3.11

創造的意思決定論

これまでの大学教育では，創造性開発に関する授業が少なかった。既存の学術体系を学んでから実務の世界で職務経験を積んだのち，企画・戦略などの高度かつ新規性のある職務をこなしながら創造性を高めていくとする,「守」「破」「離」の考え方（茶道における考え方）が主流であった。すなわち，まず現状の到達点までの体系を学び，その後，それをブレークスルーして独自の道を探り，新たな道を創成して独立すべし，とする見方が普遍的であったことも一因である。慶應 SDM のカリキュラムを組み立てるうえで，このような考え方ではなく，創造性は鍛えることで育成されるはずであるという信念に基づき，カリキュラムを構成した。また，創造性は「デザインプロジェクト」で実践的に学ぶことになっていたので，そのプロセスで有効に使える考え方やツールを演習中心に学んでいくこととした。また，実務の世界では，創造性に加えて合理的かつ論理的な意思決定を要求される場面が多くあるので，意思決定についても実習することとした。

授業の構成は，以下のようになっている。

①硬くなった頭を自覚してもらい，柔軟にするための発想転換のための設問のグループワーク。

②発想の転換を迫る課題（たとえば，何もない地方で地域創成のための企画）に関して，メタ思考を適用し，これまでの現状否定，根本原因追究，課題探索指向などの転換法により新たな発想を得る（図参照）。

③自らの潜在的能力を引き出すため，およそ解けそうもない課題（たとえば全米のピザ消費量）を，フェルミ推定により概算を導く体験を行なう。

④ SDM の研究費を稼ぐための具体的かつ実践的な企画をグループワークで

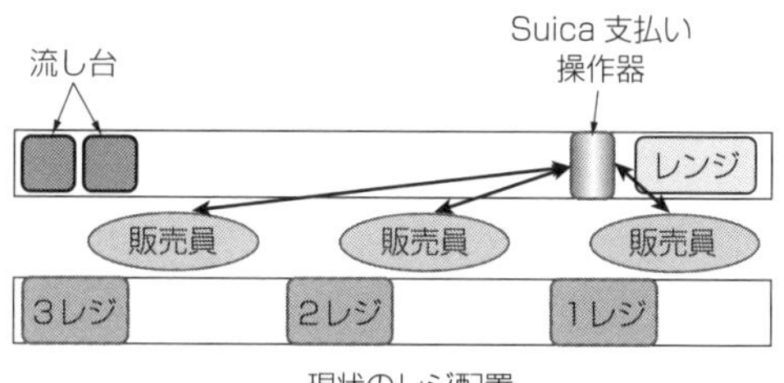

現状のレジ配置

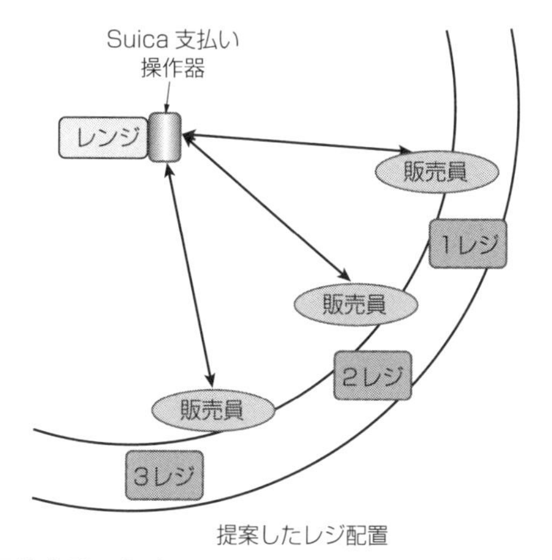

提案したレジ配置

図　創造的意思決定論で提案された新たな工夫の例（改善案のレジ配置）

提案する。

⑤社会的な答えのない問題（たとえば，新入社員を辞めさせない方法）をディスカッションし，グループでブレインストーミングや発想法を適用して提案する。

⑥ TRIZ（トゥリーズ：発明的問題解決理論）に準拠して新たな製品あるいはサービスを提案する。

⑦ AHP（階層的意思決定法）を用いて，条件に合う車を選定する。

⑧ケプナー・トリゴー法（意思決定のバイブル）を適用して，会社の経営問題について結論を出す。

3.12

システムの科学と哲学

慶應SDMの基盤のひとつはシステムズエンジニアリングだが，近い学問分野として，システム科学やシステム理論がある。

システム科学はSystems Science，システム理論はSystem Theory。いずれも，そもそもシステムとは何で，どのような挙動を示すものか，ということ自体にフォーカスするものだ。慶應SDMではこれらの考え方が意識して教えられることは（私の講義やゼミを除くと）少ないけれど，本来はシステムについて考えるときの基盤となるものと考えるべきであろう。

システム科学やシステム理論の古典的名著といわれているものに，たとえば以下の本がある。

- フォン・ベルタランフィー：『一般システム理論』（General System Theory）
- ハーバート・A・サイモン：『システムの科学』（The Science of the Artificial）
- ジェラルド・M・ワインバーグ：『一般システム思考入門』（An Introduction to General Systems Thinking）
- ニクラス・ルーマン：『システム理論入門』（Einfuhrung in die Systemtheorie）

慶應SDMでは，一般的にはこれらの講義に時間を割く方針をとっていないが，選択科目「システムの科学と哲学」ではこれらにも触れている。また現在は，『思考脳力のつくり方―仕事と人生を革新する四つの思考法』（前野隆司著，角川書店，2010年）を教科書として配布しており，ここでもシステム論を展開している。

4つの思考法に即して述べると，世界をとらえるとき，その方法には4つの段階がある。図に示すように，要素還元思考は物事をシステムとはとらえず，

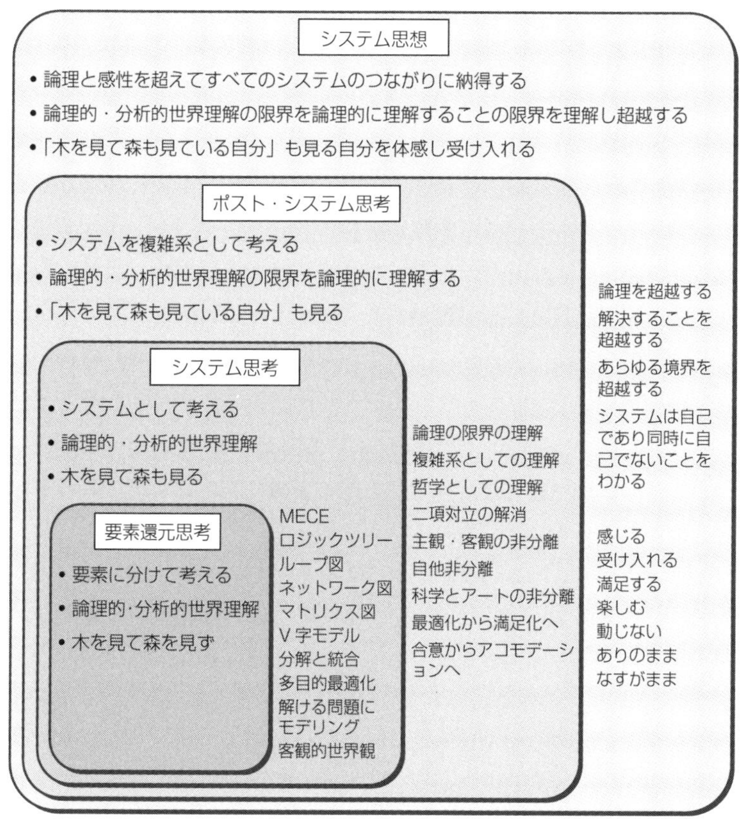

図　要素還元思考，システム思考，ポスト・システム思考，システム思想の関係
（前野隆司：『思考脳力のつくり方—仕事と人生を革新する四つの思考法』角川書店より）

要素に分けて考える。システム思考は，システムとして考えるとはいえ，システムの中を要素に分けて考えるので，じつは要素還元思考の一種（要素還元思考のシステムへの拡張）である。もちろん，システム自体のことを考えるわけであるから，システム全体のことを考えない要素還元思考とは異なるが，システム全体のことを理解するためにその中身を要素に分けて考えるという意味では，要素還元論的なシステム理解なのである。

ここでいうポスト・システム思考とは，論理的・科学的世界理解の限界を理解し包含する世界観である（詳しくは『思考脳力のつくり方』に述べられている)。すなわち，現代科学が遭遇した素粒子論や複雑系の科学に即して考えるなら，従来型の要素還元的科学観ではとらえきれないような振る舞いが人間システムや社会システムには生じる。これを理解するためには，システム思考やシステムズエンジニアリングを超えた領域が必要になるというのが，ポスト・システム思考の主張である。なお，ポスト・システム思考とは本書の造語である。ソフトシステムズ方法論という分野があり，ポスト・システム思考に近い。

システム思想も造語であるが，ここは論理自体の限界を理解し超越する境地である。ここがSDM学に含まれるかどうかは議論の分かれるところであろうが，あらゆるシステムのあらゆるデザインの問題をSDM学が包含するなら，当然，論理と感性を超越した，哲学・思想の領域におけるシステムのデザインの議論も含むと考えるべきであろう。

この枠組の中にシステムの科学と哲学を位置づけるなら，システムの科学はシステム思想以外の3つのレイヤーに，システムの哲学は4つのすべてのレイヤーに含まれるというべきであろう。

なお，システムの科学というとき，複雑系の科学のみならず，近年話題となっているスモールワールド理論，ロングテール現象，集合知の議論，ニューラルネットワークと認知科学・脳神経科学なども含まれると考えるべきであろう。

システムの哲学には，あらゆる哲学が本来含まれると考えるべきであろうが，現時点で慶應SDMで考慮されている哲学的議論は，応用倫理学，公共哲学，心の哲学，現象学などの一部に限られる。倫理学は，「われわれは何をなすべきか」を考える際の基礎になるし，応用倫理学や公共哲学はまさにその議論を実践する場である。

3.13

交換留学制度

わが国のビジネスパーソンは，技術力は高いけれどもビジネスに弱い，といわれることがある。その原因として，英語力の弱さ，自前主義から脱却できないこと，グローバル人材を集めてビジネスを行なうことが苦手であることがあげられる。とくに英語力や多文化理解が一層求められる。慶應 SDM では英語だけで修了できるように英語科目が充実している。留学生が全体の約 15%（2016 年 3 月現在）おり，**図 1** のように英語によるゼミも行なわれている。この写真では，日本のほか，デンマーク，スロバキア，イタリア，インド，南アフリカ，アメリカ，タイ，フィンランド国籍のメンバーが皆で議論している。

図 2 のように，2014 年秋には留学生（ポーランド）が修了生代表となった。

世界のトップ大学との交換留学制度もある。パートナー校は，ヨーロッパのデルフト工科大学（オランダ），スイス連邦工科大学チューリッヒ校，ミラノ工科大学（イタリア），フランス国立理工科大学トゥールーズ校，ケンブリッ

図 1　研究室のゼミ風景（2012 年 10 月）

図2　学位授与式の風景

ジ大学（イギリス），コペンハーゲン大学（デンマーク），マサチューセッツ工科大学（アメリカ），パデュー大学（アメリカ），アデレード大学（オーストラリア）である。希望者は全員留学できるだけの枠が用意されている。なお，アジア，アフリカ，中東，南米からは多くの学生が正規留学生としているので，あえて交換留学プログラムは行なっていない。

海外パートナーの多くは，慶應SDMと同じく，学際的な学問分野を融合する大学院である。たとえば，デルフト工科大学はTPM（Technology, Policy, and Management）研究科，スイス連邦工科大学はMTEC（Management, Technology, and Economics）である。

海外からの留学生は，日本の食事，自然，安全に感動する一方，チームによる課題提出における日本人学生の効率の悪さと英語力のなさに驚くこともある。日本人学生は，世界からのトップ校の学生が集まることによって，海外学生のレベルを体感することができる。また，日本人学生が毎年留学によって人生観を変え，人間として大きく育つ者が少なくない。慶應SDMは，グローバルリーダーとなる人材育成を掲げ，何ごとにも恐れずチャレンジする人材を求めており，海外の一流大学で学ぶことのできる留学制度はそのような学生の獲得に貢献している。なお，日本人学生は，多文化理解や英語力向上を目的として留学する者が多い。一方，正規留学生は日本で働きたいと思って慶應SDM

に留学してくる者が多く，交換留学生は将来日本人と仕事をする際の経験のためという理由が多いというちがいがある。

以上のように，慶應 SDM では，海外との連携を通してグローバルな人材の育成を行なっている。

3.14

修士論文・博士論文

慶應SDMの修士課程には2つのコースがある。1つは，リサーチインテンシブコース（以下RI）で，通常多くの学生がこのコースに入る。2年間みっちり修士研究を行ない，修士論文にはオリジナリティが求められる。修士論文本文のほかに論文誌投稿用の論文も求められ，多くの学生がそのまま論文誌に投稿する。オリジナリティを有する研究をするには，これまでの研究者がなぜできなかったかを理解し，それを克服する必要がある。それには研究途上で壁にぶつかる経験が必要であり，2年間で何度も失敗から立ち直る根気が必要である。

もう1つは，ラーニングインテンシブコース（以下LI）で，すでに修士の学位を有している，学術分野において論文が掲載されている，あるいは実学においてすでに一流であり書籍などの業績がある社会人に認められている。修士研究は，2年間の最後の半年でオリジナリティは問われないが，選択科目をRIの2倍とる必要がある。半年という制約から，コンサルテーション会社で行なっているような調査研究や慶應SDMで教える手法を社会やビジネスの問題に適用してその有効性を調べる研究などが選ばれる傾向にある。

慶應SDMの修士研究では，従来の研究科に比べて研究能力がはるかに高まる可能性がある。その理由を3つ述べよう。1つめは，教員が個別に熱心に指導してくれることである。慶應SDMの研究対象は，社会システム，ビジネスシステム，技術システムなど多様である。教員が学生を個別に指導し，たとえばポスドクや博士課程学生が指導することは稀である。2つめは，自分で研究テーマを考え自分で解決する能力がつくことである。教員がすべての分野に精通しているわけではないので，学生は自ら学内外の専門家にコンタクトをとり，自分で努力することが求められる。3つめは，ニーズ指向の研究により最初に解決方法が与えられないことによって鍛えられるのである。システムをデザインするため，まず問題を分析し要求仕様を明確にして，その結果必要な学問分野の知識を用いて問題を解決する。工学をバックグラウンドとする学生が法学や経済学で問題を解決したり，数学の嫌いな学生が数学を使う必要が出ることもある。多くの他の研究科では，教員のもつ要素技術をもとに応用分野を探して適用することが多いが，慶應SDMでは逆である。実際，世の中の多くの問題は，最初は解決方法がわからないものであり，必要なら仲間を集め，専門家に聞きながら解決を図るものである。

慶應SDMの修士研究は，世の中で困難にぶつかったとき，自ら周りを動かして解決していくことを経験し，その能力を高める場であると考えられる。

一方，博士研究については，日本における大学の多くがそうであるように，授業の単位をとることは必須ではなく，オリジナルな研究成果をあげることが求められる。ただし，修士研究を他研究科で行なった者には，慶應SDMのコア科目を学ぶことを推奨している。そのほうが研究の基礎ができるため，結果的に研究成果をあげるうえで必要な期間が短くなるからである。

慶應SDMの博士学生の大半は、働きながら学問をしている。慶應SDMは経営学部や経済学部などいわゆる文系出身の社会人が学位をとるのによい大学院であると思われる。一般に，理工学部の博士課程は3年で卒業できることが多いが、文系分野ではもっと時間がかかる。なぜなら論文誌の数が少なく、また定性的研究は検証が難しいため研究期間が長くなりがちだからである。慶應SDMで定量的な研究方法を学ぶことは，研究に有利になる。一方、理系の修士課程を修了して，長年働き管理職となってからビジネスや人材育成に興味ができて博士課程に入学する者も多い。この場合，細かい技術的研究よりも，経験を活かした包括的な研究をするほうが研究成果をあげやすいと思われる。

第4章 研究の事例

この章では，研究の事例について述べる。慶應 SDM はあらゆるものごとの関係性をシステムとしてとらえるため，研究範囲は技術システムから社会システムまで多岐にわたるが，ここではそのほんの一部を紹介する。

4.1

エネルギーセキュリティ

慶應SDMでは，図のようなエネルギーセキュリティ政策評価モデルを開発して，日本，中国，ASEANの国を対象にエネルギー政策の評価を行なっている。エネルギーの評価は，利用可能性（自給率や輸入先分散度など），費用負担余裕度，利用効率（需要制御能力），ソース許容度（原子力リスク許容度，地球温暖化など）を組み合わせて行なう。再生可能エネルギー導入政策，原発政策，原油価格の変化，シェールガス技術の進展・普及などが国家のエネルギーセキュリティに及ぼす影響を推定することができる。

たとえば，次のことがわかっている。

(1) マレーシアでは2010年に50%程度だった原油輸入率が，2020年には75%，2030年には95%に上昇すると推測される。ガソリンへの補助金を下げることにより，2020年の輸入率を60%まで低減できるが，2030年では効果が薄れる。

(2) GDPに対する二酸化炭素排出量は，2010年から2025年まで，中国は43%低減するが，インドネシアは9%増え，日本は若干減ると推定される。

では，日本で原子力発電所をすべて廃棄するならば，将来にわたるエネルギー問題，経済への影響はどうであろうか，という問いにもシミュレーションで答えを出すことができる。ビジネスエンジニアリング研究室では，東日本大震災前後のエネルギーセキュリティ指標の変化の研究，タイにおける発電所建設計画の研究を行なっている。

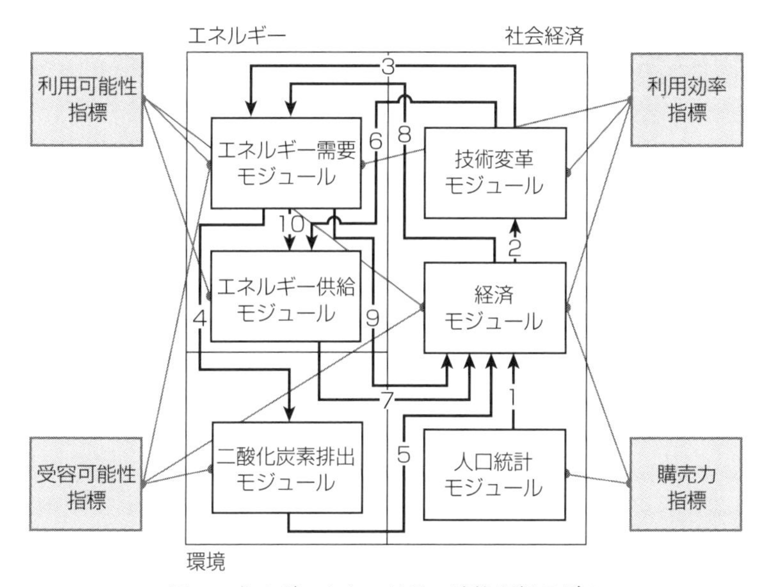

図　エネルギーセキュリティ政策評価モデル

モジュール間をつなぐおもな要因は以下のとおり。1：人口，2：GDP，3：利用効率，4：化石燃料消費，5：税率，6：エネルギー生成率，7：化石燃料輸出，8：収益，9：化石燃料輸入，10：エネルギー需要。

参考文献

1) Yudha Prambudia, Masaru Nakano：Exploring Malaysia's Transformation to Net Oil Importer and Oil Import Dependence. Energies 2012, Vol.5, pp.2989-3018, 2012.

2) Yudha Prambudia, Masaru Nakano：Exploring Environmental Performance of Some East Asia Summit Countries from Energy Security Perspective. Sustainability, Vol.4, pp.3206-3233, 2012.

3) Yudha Prambudia, Masaru Nakano：A Simulation System Design for Energy Security Assessment. Proceedings 12th Asia Pacific Industrial Engineering and Management Systems (APIEMS) Conference, Tsinghua University, Beijing, China, October 2011.

4) Yudha Prambudia, Yasuko Todo, Masaru Nakano：Energy Security of Indonesia: System Dynamics Modeling and Policy Analysis. International Conference on Industrial and Systems Engineering, Singapore August 2010.

4.2

大規模システムのレジリエンス

レジリエンスとは，もともと回復力・復元力という意味であり，一般にシステムの構成要素が故障したり機能喪失したりして状態が変化した場合に，元の状態に回復するための能力という意味である。この概念に基づき，心理学や防災や組織論などさまざまな分野でこの言葉が用いられている。慶應SDMでは，システム全体のレジリエンスを強化するために不可欠なアプローチの一つとして，大規模システム（たとえば宇宙システム）のレジリエンスを定量的に評価する手法を研究している[1)]。

宇宙システムとは，①地球周回軌道上の人工衛星，②衛星の管制や信号処理を行なう地上施設，③データ利用装置，④それらの間の通信リンク，の4種類を構成要素とするシステムであると定義されている[2)]。たとえば人工衛星にスペースデブリ（宇宙ゴミ）が衝突して全損事故が発生した場合や，複数ある地上施設の一部が何らかの原因で機能を停止した場合にどのようにレジリエンスが低下するか，ということを客観的に示すことができれば，より透明性の高い対応策を立案することが可能となる。

この研究の目的は，統一的なレジリエンス評価に関する議論を行なうための共通概念として，レジリエンス評価のためのオントロジーを構築し，そのオントロジーに基づいた定量的評価手法を確立することである。ここでオントロジーとは，システムの「構成要素」および「構成要素間の関係性」を定義することである[3)]。

検討の結果，システムの構成要素間の関係性は5種類に分類できることがわかった。そこで，これらの関係性に「レジリエンススコア」という重みを与えることによって，各要素のレジリエンスを定量的に表現することができた。さらに，この考え方を再帰的に適用することで，どれほど構成要素の多い大規模なシステムであっても，その要素同士の関係を漏れなく重複なく表現することができた。これによって，システム全体のレジリエンスを単一の数値で相対的に評価することが可能となった。

具体的な適用事例として，気象衛星ひまわりを利用した気象観測システムに関する解析を行なった。そのなかで気象衛星という要素の変化が，気象観測システム全体のレジリエンスに与える影響を評価した。試算として，気象衛星が「ひまわり６号」１機であった時代から，「ひまわり７号・８号」２機体制，「ひまわり８号・９号」２機体制へと進化を遂げた場合に，実際にレジリエンスが高まっていくことを定量的に示すことができた。ちなみに，この変化は，衛星自体の性能が高まったという理由ではなく，システムの構造（要素間の関係性）が変化したことが影響している。

今後の課題は，より汎用性の高いレジリエンス評価手法の確立である。このためには，レジリエンスの時間的変化をどう評価するか，システム性能の優劣を反映した定量的評価手法をどう確立するかなどの課題に取り組む必要がある。

参考文献

1）Yuki Onozuka, Makoto Ioki, Seiko Shirasaka：Ontology for Weather Observation System, Proceedings of the Second Asia-Pacific Conference of Complex Systems Design & Management, Springer, 2016.
2）内閣府：「宇宙システム全体の抗たん性強化」に関する検討の基本的な考え方について，2015.
3）Souag A., Salinesi C., Wattiau I.C.：A Methodology for Defining Security Requirements Using Security and Domain Ontologies, INSIGHT 2013.

4.3

自動車環境政策

慶應SDMでは，図のような環境自動車政策評価モデルを開発している。環境自動車とは，電気自動車，燃料電池車など有害な物質や二酸化炭素を排出しない自動車である。このモデルを用いて，環境性，価格，エネルギーセキュリティ，レアメタルなどの金属入手問題，産業構造変化を考えて，どのタイプの自動車をどの国でどのように普及させていけばよいかを研究している。政府にとっては，環境税や補助金をいつ投入すれば，どのように環境自動車の普及に効果があるかを知ることができる。企業にとっては，今後の石油価格と金属価格の高騰を考えると，自動車会社はいつまでに，2次電池の開発や，銅やプラチナの代替技術を開発しなければいけないか，を推定することができる。また，どの国で生産すれば地球環境にやさしいか，サプライチェーンとしてもシミュレーションしている。なお，本研究には，日本人だけでなく，シンガポールやポーランドなどからの留学生も参加している。

参考文献

1) 大澤潤・中野冠：産業連関表を用いたクリーンエネルギー自動車の経済波及効果モデル．日本機械学会論文誌，No.823, pp.1-15, 2015.（日本機械学会生産システム部門学術業績賞）
2) 加藤桂太・野中朋美・中野冠：金属資源を考慮したクリーンエネルギー自動車のグローバルポートフォリオ最適化モデルと銅資源制約の評価．日本機械学会論文誌，C編，79巻797号，pp.77-89, 2013.
3) Seng Tat Chua and Masaru Nakano：Design of Taxation to Promote Electric Vehicles in Singapore. “Competitive Manufacturing for Innovative Products and Services: Proceedings of the APMS 2012 Conference, Advances in Production Management Systems”, Emmanouilidis, C., Taisch, M. and Kiritsis, D. (eds.)：”IFIP Advances in Information and Communication Technology” (IFIP AICT, Series ISSN: 1868-4238), Vol.I, pp.359-367, Springer, 2013.
4) 野中朋美・中野冠：グローバル生産における $LCCO_2$ とグリーン政策要求分析．日本機械学会論文誌，C編，79巻798号，pp.408-417, 2013.

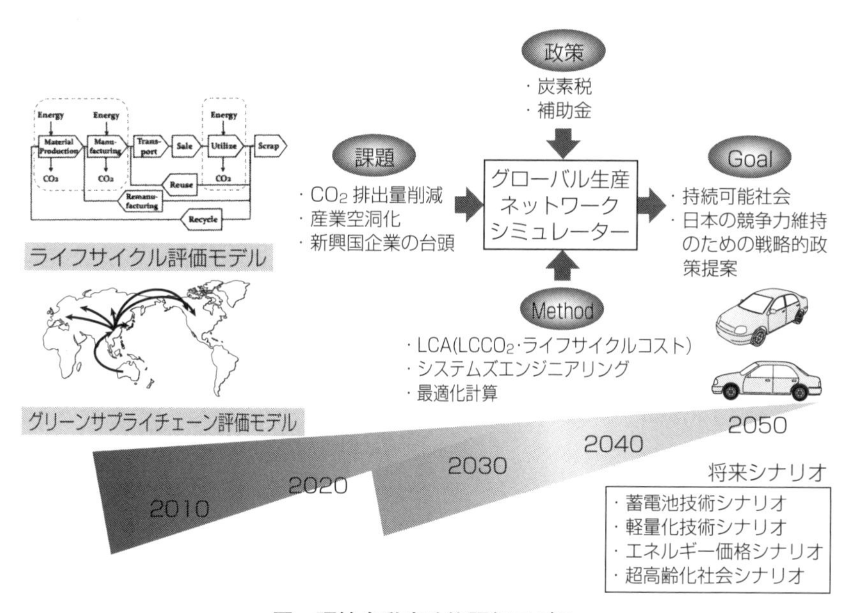

図　環境自動車政策評価モデル

5）有森揚祐・中野冠：クリーンエネルギー自動車の国内ポートフォリオ最適化．日本機械学会論文集，C 編，原著論文，Vol.291, No.78, pp.2571-2582, 2012.

6）野中朋美・中野冠：$LCCO_2$ と LCC を用いた次世代自動車のための炭素税設計．日本機械学会論文誌，C 編，Vol.77, No.783, pp.4024-4033, 2011.

7）Masaru Nakano：Challenges Facing Manufacturing to Move towards a Green Society with Clean Energy Vehicles. Hoda A. ElMaraghy（ed.）：Enabling Manufacturing Competitiveness and Economic Sustainability, pp.434-438, Springer, 2011.

8）野中朋美・中野冠：環境配慮型商品普及のための環境税設計に関する研究．日本機械学会論文集，C 編，Vol.76, No.771, pp.2791-2796, 2010.

9）柄井匡・中野冠・木村文彦：リサイクルを考慮した国内銅資源供給の持続可能性評価（自動車，家電４品目，建設部門のリサイクルを中心とした分析）．日本機械学会論文誌，C 編，Vol.76, No.772, pp.3744-3752, 2010.

4.4

自動運転車を取り巻く System of Systems の安全性を考える

自動運転システム（SAE のレベル 3 を前提としている）によって，自動車の安全はどのように確保されるのであろうか。自動車の安全を検討する際には，それを取り巻く環境を含めた全体として検討する必要があり，自動運転によるドライバーの支援にはさまざまな解決すべき問題がある。さまざまな環境のもとで自動車が用いられるなかで，ドライバーと自動運転システムとの間には相互作用が生じる。たとえば ICT（Information and Communication Technology）システムは交通環境のなかで利用されている自動運転システムや他のシステムからさまざまな情報を得ることができる。そして ICT システムから自動運転システムが直接的に獲得する外部環境情報の内容は，ドライバー自身が獲得できる情報とは質が異なる可能性がある。そのため，適切なヒューマンマシンインタフェース（Human Machine Interface；HMI）なしには，そのコミュニケーションは正しく行なわれないであろう。

西村は，IPA/SEC RISE プロジェクトで，研究「システムモデルと繰り返し型モデル検査による次世代自動運転車を取り巻く System of Systems のアーキテクチャ設計」を実施した[1)]。そこでは，自動運転システムを支えるさまざまな外部システムをも構成システムとした SoS の安全性を検討するため，交通事故の分析に基づき「不安全」の定義からはじめ，そうした環境下で運転をするという行為をコンテキスト（脈絡）として，ドライバーの「認知」，「判断」，「操作」を支援する自動運転システムを検討している。こうして自動車が不安全な状態に近づきつつあるときに，これを安全な状態に維持するための自動運転システム，ICT システムなどの構成システムの安全性要求を明確にする試みを行なった。

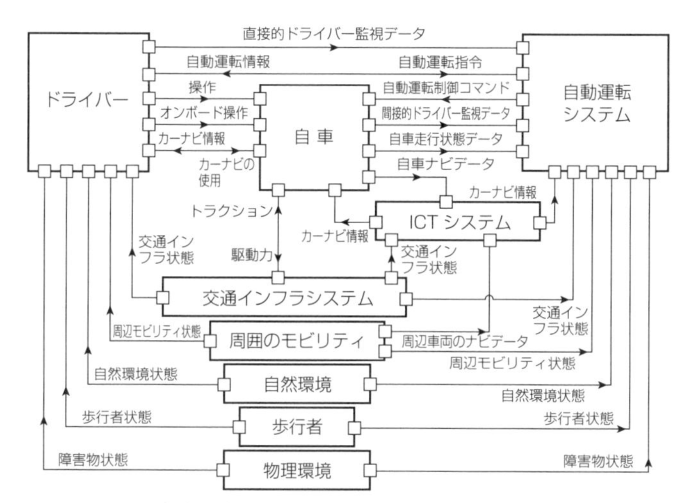

図　自動運転システムを取り巻く SoS の関係性

ドライバーと自動運転システムと自車のほかに，ICT システムや交通インフラ，周辺のビークルや歩行者などの自動運転システムとの相互作用を分析した。**図**はその結果を SysML ダイアグラムの内部ブロック図として記述したものである。この図は報告書[1]に記述したシステムモデルのほんの一部に過ぎず，さまざまな分析に基づくシステムモデルの記述から各構成システムの安全性要求を明確にしている。さらに，ドライバーの状態と自動運転システムの状態の遷移に関してモデル検査を応用した分析を行ない，ドライバーの介入を容易に許すことの危険性が明確になりつつある。適切な HMI を設計し，ドライバーと自動運転システムのコミュニケーションが齟齬なく行なわれる必要性がある。このような MBSE に基づく論理的な検討は，自動運転車を取り巻く SoS アーキテクチャを構築するうえできわめて有効である。

参考文献

1) 情報処理推進機構・ソフトウェア高信頼化センター：2014 年度および 2015 年度ソフトウェア工学分野の先導的研究支援事業の成果を公開，https://www.ipa.go.jp/sec/reports/20160531.html

4.5

高齢者ドライバーの安全運転力向上

わが国は高齢化社会の進展が大きな社会問題となっているが，交通社会においても高齢化は深刻な問題となりつつある。死亡事故につながる交通事故は年々減少傾向にあるが，高齢者がかかわる交通事故数は上昇しつづけている。高齢者ドライバーに関しては運転免許の返納という考え方もあるが，車が生活の必需品となっている地方都市では車を手放すわけにはいかない事情も存在する。また，高齢者が起こす交通事故は，若い運転者が起こす事故とは異なる特徴を有する。そのため，安全な交通社会を実現するためには，高齢者ドライバーが引き起こす事故の特徴を分析し，安全運転への対策を施すことが必要である。慶應SDMの小木と西村は損害保険会社と共同で，高齢化社会における安全運転対策をめざし，テストコースでの実車運転やシミュレータでの運転実験を通して，高齢者ドライバー特有の安全運転行動の分析を行なっている[1)]。

実車の運転では，自動車安全運転センターの研修コースを使わせてもらい，高齢者ドライバーと一般ドライバーの自動車運転時の自動車の動きと，ハンドル，アクセル，ブレーキ操作，および視線計測装置を用いてドライバーの視線の動きを記録し，分析を行なった。また，シミュレータとしては，VR（Virtual Reality）技術を用い，広視野の没入型ディスプレイによる立体視映像空間の中に運転台を設置した没入型ドライビングシミュレータを構築し，実験に利用した（図参照）。このシミュレータは，広視野のインタラクティブな立体視映像により，運転中のドライバーの安全確認のための覗き込みなどの動作の再現や，ドライバーに対して障害物までの距離感などを表現できるため，ドライバーの安全確認行動を忠実に再現することができる。これらの実験では，信号無し交差点の直進，右折やバックでの車庫入れなどの，高齢者ドライバーの事

図　没入型ドライビングシミュレータを用いた実験風景

故多発環境を再現して計測を行なった。この際，実車環境では危険な交通状況を提示することはできないが，シミュレータでは対向車や障害物，歩行者などのさまざまな交通状況を設定して提示することができる利点がある。

これらの実車コースやドライビングシミュレータを用いた実験結果から，高齢者ドライバーと一般ドライバーの運転行動の比較分析を行ない，高齢者は一般ドライバーに比べて，安全確認行動の省略や安全確認よりも運転操作の先行が起きることなどの特徴が明らかになってきた[2)]。研究としては次の段階として，これらの知見をもとに，高齢者ドライバーの安全運転力を向上させるために，高齢者教習，カーナビを用いた注意喚起などの方法について検討を行なっている。

参考文献

1）Yoshisuke Tateyama, Hiroki Yamada, Junpei Noyori, Yukihiro Mori, Keiichi Yamamoto, Tetsuro Ogi, Hidekazu Nishimura, Noriyasu Kitamura, Harumi Yashiro：Observation of Drivers' Behavior at Narrow Roads Using Immersive Car Driving Simulator. The 9th ACM SIGGRAPH International Conference on VR Continuum and Its Applications in Industry (VRCAI 2010), pp.391-395, Seoul, Korea, 2010.

2）北村憲康・粂田佳奈・立山義祐・小木哲朗・西村秀和：事故多発環境における高齢ドライバーの運転適性と安全確認行動の関係について．自動車技術会論文集，**44**(4)，1067-1072，2013.

4.6

列車通信および列車サービス

慶應SDMの春山は，2004年から公益財団法人鉄道総合技術研究所と列車地上間高速光空間通信（レーザー通信）の共同研究を行なっており，高速に移動する列車と地上とのあいだで毎秒1ギガビットという高速通信速度の光空間通信を実現した[1)]。高速に移動する列車の最後尾に光空間通信装置を1台設置し，また，地上側には線路沿いに複数の光空間通信装置（基地局）を設置して，列車が移動中に列車側の装置と地上基地局側の装置で互いにビーコン光の捕捉と追尾を行ないながら，光空間通信を行なうシステムである（**図1**）。

このような技術・社会システムを検討するときにシステムズエンジニアリングで重要なことは，①要素技術の研究開発をする前の，システムを取り巻く環境（社会環境，経済環境，技術環境，ステークホルダー，ユーザ要求など）の調査と分析，②システムの価値の明確化および最大化の検討，③価値の最大化を行なうためのEnablerの検討，およびシステムの実現計画の作成と実証，である。

以下に，それぞれに関して本研究で実際に行なった活動について紹介する。

(1) 要素技術の研究開発をする前の，システムを取り巻く環境（社会環境，経済環境，技術環境，ステークホルダー，ユーザ要求など）の調査と分析

JR東海，鉄道総合技術研究所，慶應義塾大学が共同で列車用通信サービスに関するマーケット調査を行なった。その結果，ユーザ要求として，列車で移動中の旅客の動画に対する潜在的需要が非常に高いことが判明した。また，数十人の参加によるワールドカフェ方式によるワークショップを行ない，列車内のさまざまな新サービスのユースケースを考案した（**図2**）。

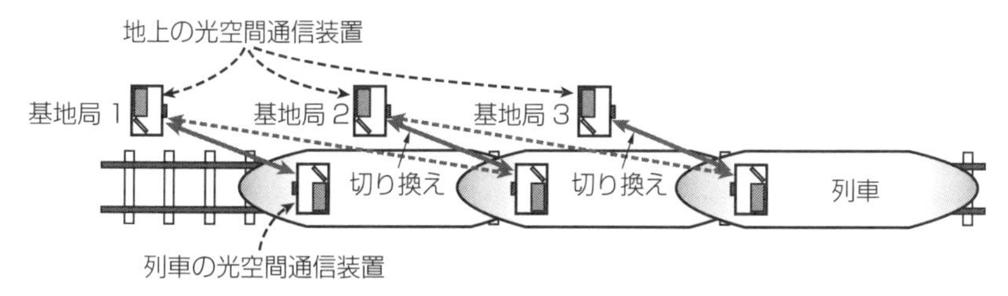

図1　列車地上間高速光空間通信方式

図2　ワールドカフェによる新サービスの創出

(2)　システムの価値の明確化および最大化の検討

社会にとっての価値，鉄道事業者にとっての価値，通信事業者にとっての価値，ユーザにとっての価値を検討した結果，本システムの価値は，列車が移動中にインターネットに高速にアクセスし，旅客がさまざまなインターネットのサービスを使うことができることとし，その価値を最大にするには列車地上間のアクセス速度が毎秒1ギガビット以上を実現できる技術を実現する必要があることとした。

(3)　価値の最大化を行なうためのEnablerの検討，およびシステムの実現計画の作成と実証

その価値の最大化を行なうために列車地上間で通信するためのEnablerの技術として，電波通信とレーザー通信を比較した結果，電波通信よりも通信速度が数桁優れているレーザー通信を用いることを決定し，そのシステム設計を行なって，プロトタイプを試作した（**図3**）。

日本自動車研究所（JARI）のテストコースにおいて自動車にレーザー通信装

図 3　試作したレーザー通信装置

図 4　JARI における自動車を用いた実証実験

置を設置し，走行路沿いに 3 個の装置を設置して走行通信実験を行なった（図 4）。

自動車を用いた実験が成功したのち，JR の協力を得て，実際に走行する新幹線と地上とのあいだでの通信の実験を行なった（図 5）。

本研究では，システムズエンジニアリングがいかに重要かが再認識された。高速な列車通信および列車サービスは多くの人々が必要としており，その社会的・経済的なインパクトが大きいため，さまざまなステークホルダー（開発者，サービス提供者，ユーザなど）の意見を聞きながら研究を遂行していく必要があった。また，システムの本当の価値は何なのかがステークホルダーによって見方が異なるため，総合的な価値の追求をどの方向に定めるかがたいへ

図５　新幹線を用いた光空間通信方式の実証実験

ん重要であり難しい点でもあった。

参考文献

1）Hideki Urabe, Shinichiro Haruyama, Tomohiro Shogenji, Shoichi Ishikawa, Masato Hiruta, Fumio Teraoka, Tetsuya Arita, Hiroshi Matsubara, Shingo Nakagawa：High data rate ground-to-train free-space optical communication system. SPIE Proceedings Vol.51, Optical Engineering 51（03）, March 2012.

4.7

次世代医療・医学教育への取り組み

慶應SDMでは，理工学部，医学部，健康マネジメント研究科などと連携しながら，次世代の医療や医学教育の研究に取り組んでいる。とくに当麻研究室（コミュニケーションデザインラボ）では，医療情報の高速伝送技術や超高精細映像を用いた遠隔医療のようなテクノロジー研究に取り組むかたわら，医学教育，ヘルスリテラシー，医療安全，チーム医療，地域連携，高齢化問題といった，人間中心の社会課題解決に挑戦してきた。

そのなかのいくつかの研究事例を紹介しよう。当麻は，慶應理工学部の小池康博教授を中心研究者とする内閣府最先端研究開発支援プログラム（FIRSTプログラム）のフォトニクスポリマー研究課題に参画し，そのサブリーダーとして，世界最速プラスチック光ファイバーと高精細・大画面ディスプレイを組み合わせた遠隔コミュニケーションシステムの開発に従事してきた。その適用分野として注力してきたのが医療・医学教育であり，杉並区医師会や慶應医学部と連携関係をとって，医師らとともに実証実験を繰り返してきた。

たとえば，皮膚疾患をもつ患者の4K映像（フルハイビジョンの4倍の画素数をもつ超高精細映像）を，離れた場所にいる医師に非圧縮伝送した実験では，単に画質がきれいなだけではなく，皮膚のカサカサやジュクジュクといった質感をも伝達し，あたかもルーペで拡大しているように肉眼よりもよく見えることを実証することができた[1]（**図1**参照）。3D立体視映像を用いた別の実験では，通常の映像では伝わらない奥行き情報を伝達できることから，効果的な医学教育に活用できることが示唆された。こうした実験結果をもとに慶應医学部では，立体視や4K映像を用いた授業が実用段階に入っており，次世代の医療従事者育成に寄与している（**図2**参照）。

図.1　4K 超高精細映像を用いた皮膚科遠隔診断実験

図2　3D 大画面立体視映像システムの耳鼻科教育への実用化

しかし，遠隔診断や遠隔手術を適切かつ安全に実現化していくためには，まだ多くの課題が残されている。とくに映像伝送における遅延は，遠隔操作を伴うロボット手術には致命的な欠点となり，手技の動きと視覚の時間的ずれから生じる違和感への対処が重要な研究課題でありながら，これまで取り組まれている事例は少ない。当麻研究室ではこうした映像遅延の問題に認知科学の観点から取り組んでおり[2)]，その成果が期待されている。

これらのほかにも慶應 SDM の複数の研究室で，医療・介護・ヘルスケアの分野に何らかの形で関連して取り組んでおり，それらの研究に携わっている専門家を含む学生たちが情報交換し，研究の議論をする自主組織「ウェルネス研究会」が活発な活動を行なっている。慶應 SDM では，こうした研究室の垣根を超えた活動を奨励しており，医療以外の分野でも横断型の研究会を自主開催している。まさに多様性の特徴を活かした活動である。

参考文献

1）当麻哲哉・鈴木創史・戸倉一・稲葉義方・小木哲朗・小池康博：遠隔診療における 4K 超高精細映像の有効性評価～皮膚科診療への適用の可能性～．日本遠隔医療学会雑誌，**9** (2), 66-73, 2013.

2) Iwane Maida, Hisashi Sato, and Tetsuya Toma：Evaluating the Impact of Image Delays on the Rise of MMI-Driven Telemanipulation Applications: Hand-Eye Coordination Interference from Visual Delays during Minute Pointing Operations. *ACSIJ Advances in Computer Science: an International Journal*, **5** (1), 151-160, 2016.

4.8

デジタルミュージアム・プロジェクト

日本における博物館の数は増加傾向にあるが，博物館を訪れる人の数はあまり変わらないため，1館あたりの入館者数は年々減少している。このような問題を解決するためには，より多くの人に博物館への興味をもってもらい，繰り返し博物館を訪れるような仕組みを構築することが必要である。慶應SDMの小木らが行なっているデジタルミュージアム・プロジェクトでは，VR（Virtual Reality）やAR（Augmented Reality）などの情報メディア技術を用いることで，より魅力的な博物館システムを構築することをめざしている。ここでは図に示すように，①多くの人が博物館に興味をもつ仕組み，②博物館で興味深い体験を行なう仕組み，③現実世界で博物館情報を取得する仕組み，④博物館で現実世界の追体験を行なう仕組みに分け，いくつかの博物館施設と共同で種々のシステム開発を行なっている。これらが相互にリンクすることで，人々が博物館に興味をもち，継続的に訪れるようになることが期待される。

博物館に興味をもってもらうための手法の例としては，「デジタル3D浮世絵」のシステムを構築した[1)]。このシステムでは，浮世絵に対してインタラクティブな3D表現を行なうことで，浮世絵で使われている遠近法を体験的に理解し，興味をもってもらうことをめざしている。博物館での興味深い体験を実現するための手法としては，シカン文化の「黄金の仮面のAR展示」システムを構築した[2)]。この展示では，展示物が当時どのように使われていて，どのように発見されたかなどの経緯をCG（Computer Graphics）と重ねた空間型AR技術で説明を行なっている。また，現実世界で博物館情報を取得する手法としては，ロケーションベースARシステムの開発を行なった。このシステムでは，博物館の展示と関係する現実世界をリンクさせ，歴史スポットなどを歩き

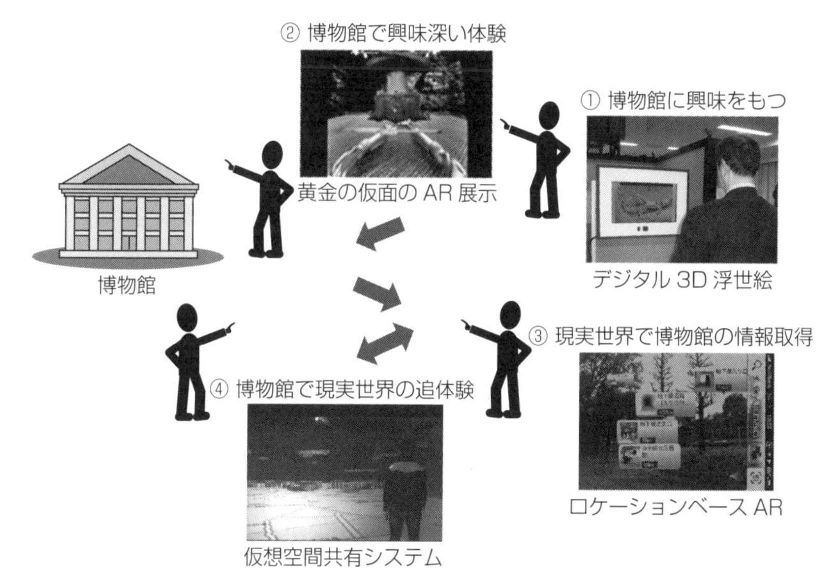

図　博物館と人々のつながりを支援する博物館システム

ながらスマートフォンを用いて必要な説明や博物館の展示情報を参照することができる。博物館での追体験を実現する仕組みとして，仮想空間共有システムの構築を行なった。このシステムでは，現実世界を訪れた際に撮影した写真や現実世界を訪れている他の人が撮影した写真から3次元の仮想世界を生成し，博物館を再度訪れた際に没入空間の中で追体験することができるシステムである。これらのシステムは，現状はイベントなどでの利用にとどまっているが，今後は開発コストの問題などを含めて継続的な運用化をめざしている。

参考文献

1）Tetsuro Ogi, Yoshisuke Tateyama, Hao Lu, Eriko Ikeda：Digital 3D Ukiyoe Using the Effect of Motion Parallax, The 15th International Conference on Network-Based Information Systems（NBiS 2012）, pp.534-539, 2012.

2）Kaori Sukenobe, Yoshisuke Tateyama, Hasup Lee, Tetsuro Ogi, Teiichi Nishioka, Takuro Kayahara, Kenichi Shinoda, Kota Saito：Spatial AR Exhibition of Sican Mask, ASIAGRAPH 2010 in Tokyo, 122pp., Odaiba, 2010.

4.9

社会課題解決型宇宙人材育成プログラム

人工衛星による観測，測位，通信を中核とする宇宙インフラの整備が進む一方で，携帯電話による地上ネットワークが爆発的に拡大している。衛星画像やデジタル地図といった背景情報も世界的に整備・公開が進んでおり，どこで何が起きているのか，何がどう活動しているのかを迅速に把握・解析できる環境が整いつつある。こうした環境変化は，地上での観測やデータ収集だけを前提に展開されてきたさまざまな社会公共サービスの革新および再構築を行なうポテンシャルをもっている。そのため，慶應SDMでは，宇宙インフラと地上インフラを統合して価値のある革新的なサービスの創出および再構築を行なうことを目的としたシステム思考，デザイン思考，そしてマネジメントの考え方，方法論を適用した研究教育を数多く推進している。

その取り組みのひとつとして，「グローバルな学び・成長を実現する社会課題解決型宇宙人材育成プログラム」（以下，G-SPASEプログラム）を2015年度より推進している。このプログラムは，文部科学省「宇宙航空科学技術推進委託費」の事業として採択され，東京大学空間情報科学研究センター，東京海洋大学大学院海洋科学技術研究科，事業構想大学院大学事業構想研究科，青山学院大学地球社会共生学部の4つの大学と連携をし，地域課題から地球規模課題に至るまでの社会課題解決のための教育研究を通じた人材育成のプログラムを提供している[1]。

G-SPASEプログラムのビジョンは，宇宙インフラと地上インフラを連携させたシステムやサービスのデザインとマネジメントを行なうことを通じて，世界の社会的課題解決に貢献する人材を育成することである。宇宙システムは地球全体をカバーする人類共通のインフラだが，ネットワークインフラが普及

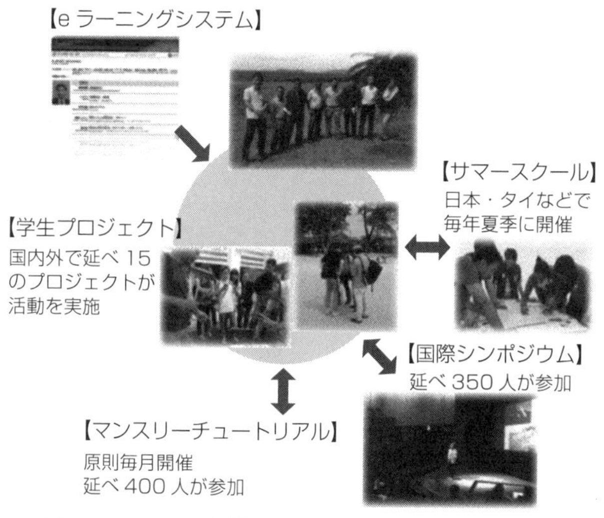

図 1　G-SPASE を構成する主要な活動やコンテンツ

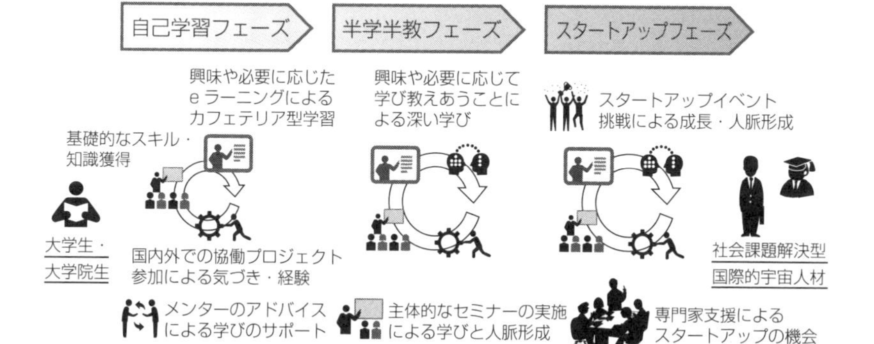

図 2　G-SPASE プログラムによって学生が得る学びのプロセス

表1　おもな学生プロジェクト

プロジェクト名	内容	おもな活動地域
Agriculture Intelligence	リモートセンシング，衛星測位による農業プロセス改善	マレーシア
Base Station	高精度測位のための基準局設置とそれによる精度向上	フィリピン，インドネシア
Disaster Management	早期警報システムのシステムデザインとその検証	タイ，東北地域
Log Analysis	タクシープローブや携帯ログデータを用いた機械学習	タイ，インドネシア
Public Health	衛星データやオープンデータを用いた公衆衛生改善	カンボジア，ラオス
Seamless LBS	屋内外シームレスな位置情報サービスの構築と実証	東京，タイ
Sports Science	センサデータやオープンデータを用いたサービス創出	東京
Tokyo 2020	オリンピック・パラリンピックに向けたサービス創出	東京
UAV	無人航空機の制御技術およびそのサービス創出	タイ，ベトナム
Urban Mapping	都市における地理空間情報を用いたサービス創出	ミャンマー

し，人や車，施設などがすべてネットワークにつながり，世界各地の状況をデータを介してリアルタイムに収集し，分析・可視化して社会課題解決に向けた具体的なアクションへとつなぐことができるようになってきている。そのため，G-SPASE プログラムでは，課題の発見や分析から実際の解決に至るまでの社会課題解決の全ライフサイクルを念頭に入れ，そのための人材育成と国内外でのネットワークづくり，プログラム運営を行なっている。具体的には，タイやフィリピン，インドネシア，ミャンマー，オーストラリアなどのおもにア

ジア太平洋地域の大学や政府機関，企業，そしてアジア開発銀行や世界銀行などの国際機関と連携し，現地の多様な社会課題を対象とした解決のためのプロジェクトを創出し，学生が主体となって推進している。G-SPASEプログラムを構成する主要な活動やコンテンツを**図1**に示す。また，そのような多様な課題，学生の多様な興味やスキル・知識に対応した講義・教材の開発を行なっている。G-SPASEプログラムによって学生が得る学びのプロセスについてのイメージを**図2**に，学生が中心となって取り組んでいるプロジェクトを**表1**に示す。

現在までの成果として，学生が国内および欧州での社会課題解決提案やサービス創出のためのコンペティションに入賞したり，数多くの研究論文が国内外のジャーナルに掲載されたり，国際会議論文に採択されたりしている。また，修了生については，宇宙関係機関のみならず産官学の多様な分野に進み，また，G-SPASEで取り組んできたテーマを発展させてベンチャー企業創出のための活動を展開している者もいる。このような取り組みを継続することにより社会課題解決のための人材が増え，国内のみならず国を越えて活躍することを期待している。

参考文献

1）宇宙・地理空間技術による革新的ソーシャルサービス・コンソーシアム（GESTISS）ポータルサイト，http://gestiss.org/

4.10

ソーシャルキャピタルの成熟度モデル

慶應SDMは，理系と文系を区別することなく統合することで，それらを分離していては実現できないことの実現をめざしている。「ソーシャルキャピタルの成熟度モデル」の研究は，「ソーシャルキャピタル」という社会学の研究テーマに対して，「能力成熟度モデル」という工学的なアプローチを持ち込んだものであり，文理融合研究の一例として紹介する。

具体的には，地域活性化を行なっている組織のソーシャルキャピタルの成熟度を計測するモデルを作成することで，それらの組織のソーシャルキャピタルがどのようなレベルにあり，次に改善するとすればどのようなことを行なっていけばよいかを示し，それぞれの組織におけるソーシャルキャピタルの能力改善に役立てることをめざしている。

ソーシャルキャピタルとは，「人々の協調行動を促すことにより社会の効率性を高める働きをする信頼，規範，ネットワークといった社会組織の特徴」(Putnam) である。ソーシャルキャピタルが蓄積された社会では，信頼や規範という目に見えない絆を通じて人々の自発的な協調行動が起こりやすく，全体として望ましい結果が得られやすい。こうしたことは社会のさまざまな側面に現われてくると考えられ，ひいては社会全体のパフォーマンスをよくすると考えられる。このように重要なソーシャルキャピタルであるが，これまで，計測するための指標は提案されていたが，改善するために活用できるものはなかった。そこで，ソフトウェア開発能力を改善するためのモデルである能力成熟度モデル（Capability Maturity Model；CMM）の考え方を活用して，ソーシャルキャピタルの成熟度モデルを作成した。

成熟度モデルは，改善対象で重要なポイントを示す「キープロセスエリア」

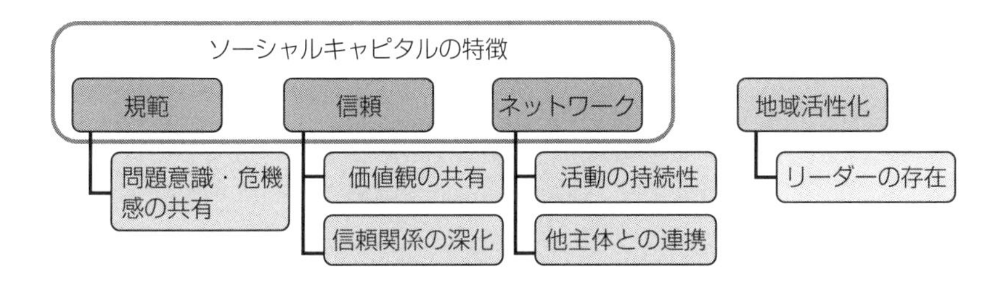

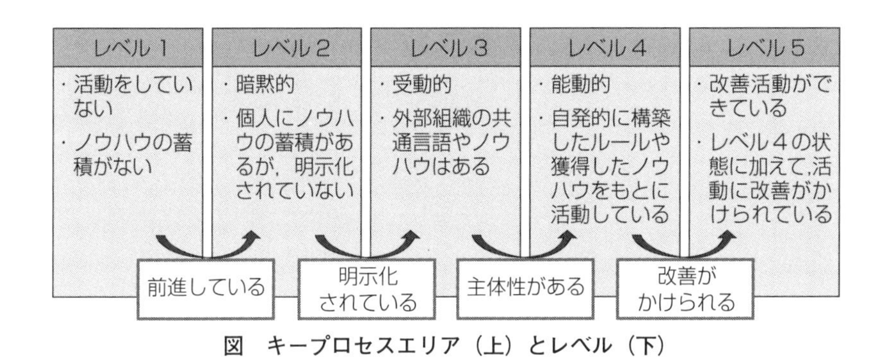

図　キープロセスエリア（上）とレベル（下）

と，改善の段階を示す「レベル」から構成される。キープロセスエリアは，過去の研究，地域活性化の成功事例，有識者へのインタビューから識別した。また，レベルは，CMM のレベルを参考に改善のステップを考慮して設定した（**図**参照）。

これらを統合して，ソーシャルキャピタルの成熟度モデルを作成した。実際には，それぞれのキープロセスエリアごとにどのレベルにあるかを評価することができるため，各組織のソーシャルキャピタルにおける強みと弱みを識別することが可能である。また，その評価をもとに，どの部分を伸ばしていくのかを検討することが可能となる。作成したソーシャルキャピタルの成熟度モデルを使って，全国 25 の地域活性を行なっている組織にインタビューを実施することで，それぞれの組織の成熟度のレベルを評価し，一部については今後の改善策を提案することで成熟度モデルの妥当性を確認した。

4.11

オープンデータを活用した地域課題解決プロジェクト

多様なステークホルダーがもつスキルや知識を活用して共創し，地域の課題解決や新たな価値の創造をめざす活動が数多く行なわれている。しかし，それらの多くは期間に制約があることや，ボランティアによる属人的な貢献に依存していることなどが原因で，具体的な解決を実現するサービス創出までに至らないことが多い。そこで，その課題を克服する取り組みのひとつとして，空間情報を中心としたオープンデータを活用して地域課題や魅力の発見や解決を支援するプロジェクト（G 空間未来デザインプロジェクト）を推進している。具体的には，オープンデータを活用するクラウド環境や，多様なステークホルダーが持続的にコミュニケーションを行なうプラットフォームを整備し，課題発見からその解決までを支援するための「フィールドワーク」，「アイデアソン」，「ハッカソン」，そして事業計画を立案・評価するための「マーケソン」からなるプロセスと手法を設計し，その有効性を検証している。設計にシステム思考，デザイン思考を取り入れていることも特徴である。

2015 年度は国土交通省国土政策局の事業としてこの取り組みが採択され，川崎市宮前区周辺地域に区役所などと連携して適用し，9 つのサービスが生まれ，事業化や起業などの成果を得た[1,2]。この取り組みのおもなプロセスを図に示す。なお，この成果によるプロセスおよび方法論については書籍やポータルサイトで公開され，その後，東京都，ヤンゴン（ミャンマー），朝日新聞社，日本サッカー協会，日本科学未来館などでも活用されている。

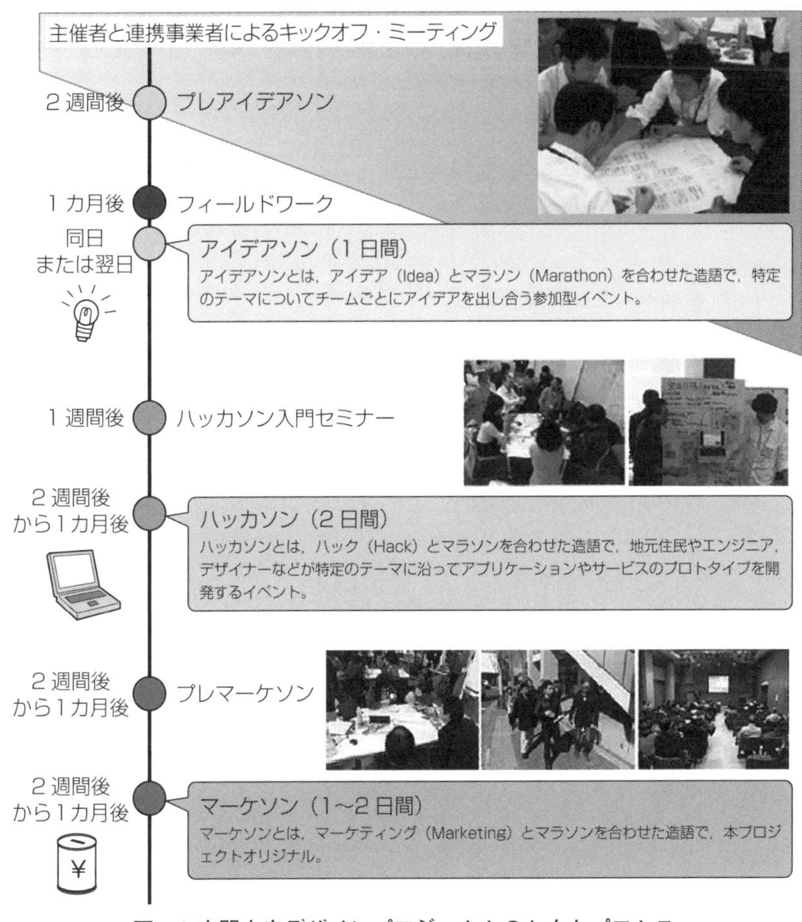

図 G空間未来デザインプロジェクトのおもなプロセス

参考文献

1) G空間未来デザインプロジェクトポータルサイト，http://www.gfuturedesign.org/
2) 神武直彦・中島円ほか（G空間未来デザインプロジェクト）：アイデアソンとハッカソンで未来をつくろう，インプレスR&D社，2015.

4.12

コミュニティ支援型農業（CSA）の研究

慶應SDM博士課程を修了した村瀬博昭らは，コミュニティ支援型農業（Community Supported Agriculture；CSA）の研究を行なった。

CSAとは，農家が販売するための農作物生産を行なうのではなく，農家の生活を維持するための費用は農家を支える会員から集めるという，新たな農業経営システムである。「会員が食べるための農作物」の生産を行なうのであって，農家が生活費を稼ぐための不特定多数向け農作物を生産するのではない点が特徴である。農家と消費者の強固なつながりが構築できるため，CSAは地域コミュニティの形成にも貢献できると考えられる。消費者は農家の活動支援を通じて地域活性化に参画することになる。また，消費者は農場経営に主体的にかかわることが求められる。

CSAは，小規模でも成り立つ新たな農業経営法として，1990年代以降に米国を中心に発展した手法であり，CSA研究の大半は米国で行なわれている。わが国におけるCSAの研究は少なく，実践事例も少ない。このため，本研究では，北海道長沼町でCSAを実施しているメノビレッジ長沼の事例を取り上げ，日本のCSAが地域活性化につながる取り組みであることを明らかにした。**図**に，メノビレッジ長沼のCSAのモデルを示す。本研究の結果，メノビレッジ長沼のCSAの取り組みは，米国のCSAよりも農場主の業務の負担が大きいことや，多くのピックアップポイントを設けることにより会員どうしの交流が促進できていることなど，きめ細かい対応が図られていることを明らかにした。

現在，村瀬は新潟薬科大学の教員となっており，CSA研究の日本での第一人者として，慶應SDMとの連携のもと，CSAの普及や啓発活動に邁進して

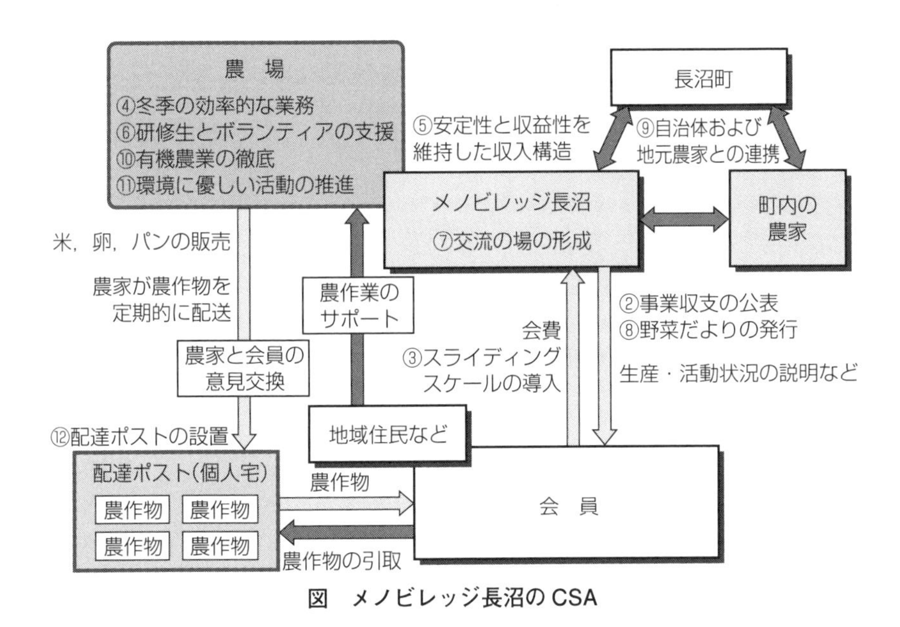

図　メノビレッジ長沼の CSA

いる。

参考文献

1) 村瀬博昭：域活活性化に資する CSA（Community Supported Agriculture）のモデル化．慶應義塾大学大学院システムデザイン・マネジメント研究科博士学位論文，2012 年 3 月

4.13

オンラインゲーム実験で考える政治システムデザイン

先進国では，選挙の投票率低下が懸念されており，日本でも平成26年実施の衆議院選挙で戦後最低（52.7％）を記録した。「みんなが参加できる民主政治」から「みんながサボる民主政治」になってしまうのは皮肉だ。かつてライカーとオーデシュックは，R（有権者が投票から得る利益）をP（自分の1票が選挙結果に影響を与える確率）×B（各政党の政策から得られる効用の差）－C（投票にかかるコスト）＋D（心理的満足感など）と定義した。現実の社会でも，各政党の政策（マニフェスト）を比較するしくみをつくったり（Bの増加策），期日前投票や投票時間延長など制度を便利にしたり（Cの抑制策），啓発事業や主権者教育によって投票意欲を増進させたり（Dの増加策）といった工夫がなされてきた。また，EU離脱派と残留派が拮抗した英国の国民投票や，トランプ候補とヒラリー候補が競った米大統領選のように，接戦の選挙ではPが大きくなり，有権者の投票意欲が高まることも知られている。

接戦状況がどの程度，投票意欲を増進させるかを，オンラインの対戦型ゲームを構築して実験した（**図1**）。実験参加者をランダムにA政党支持者とB政党支持者に分け，何十回かの選挙で支持政党の候補者に投票するか棄権するかを選んでもらう。各選挙では投票者数が上まわったほうの政党の候補者が当選し，その支持者に一律の利益が配分される。落選側の支持者には少しだけ利益が分配され，引き分けのときは半分ずつ利益が配分される。投票すると，毎回異なる量のコストが利益から引かれる。したがって各参加者にとっては，自分は棄権し，仲間が投票して勝ち取った利益のおこぼれにあずかる（フリーライドする）ことがもっとも合理的選択となる。しかし，多くの仲間が同様に考えると，相手陣営に負けてしまう。これを「社会的ジレンマゲーム」状況という。

図1　オンラインゲーム実験の様子

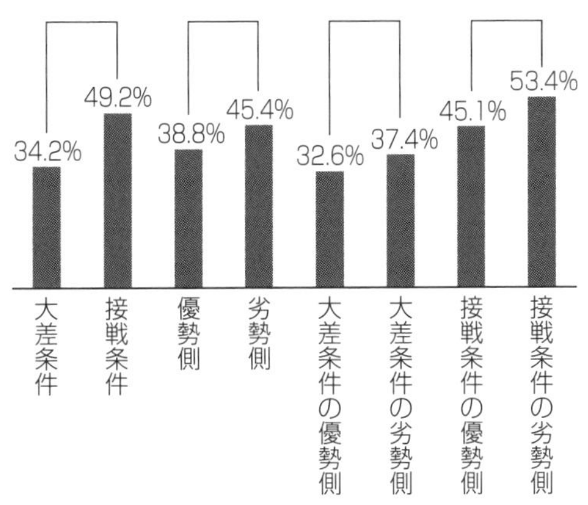

図2　実験条件間の投票率の比較

「大差条件」では，A政党支持者は18人，B政党支持者は9人と設定する。優勢側のA政党支持者がサボり気味となるなか，劣勢側のB政党支持者はがんばって投票してもなかなか勝てないので，しだいに全体が低投票率になる。「接戦条件」では，A政党支持者は14人，B政党支持者は13人で，どちらが勝つかわからないため，投票率は比較的高いまま推移する。条件間で投票率を比較すると，接戦条件のB政党支持者（ちょっと劣勢の参加者たち）が最も投票率が高くなることがわかった（**図2**）。実際，争点がきちんとあって，それをめぐる「ガチンコ勝負」の選挙では投票率は高まるのであって，近年のわが国の投票率低下は，競争のない形骸化した選挙をやってきたことの証左なのだ。このオンラインゲーム実験で条件をいろいろと変えれば，さまざまな選挙状況下での人間の意思決定を観察することができる。「意味のある選挙」を行なうための選挙システムを考えるためのツールとなるよう，試行を重ねている。

参考文献

1) Riker, William H. and Peter C. Ordeshook：A Theory of the Calculus of Voting. *American Political Science Review*, **62**, 25-42, 1968.
2) 谷口尚子：投票参加の実験室実験．フロンティア実験社会科学3　実験政治学（肥前洋一編著），勁草書房，2016.

4.14

家族関係の強化によるワークライフバランスの改善提案

組織マネジメント研究室では，大きな社会問題となっているワークライフバランス（以下 WLB）を強化するための提案を行なった。この研究は，組織の活性化のためには，個々人の WLB を満足できるレベルまで引き上げ，個人のモチベーションを向上させ，組織内の人間関係や組織の生産性向上につなげることが必要であると考えたためである。

そこで，現状の WLB の改善のための仕組みや制度について広範に調査すると，企業側が制定した制度が利用されず，あまり効果を生んでいないこと，政府の取り組みも実効性が伴わないことが判明し，新たな方策を考えなければ進展は難しいと結論づけられた。

本研究では，政府や企業によるアプローチではなく，働き手の家庭や家族に焦点を当て，家族の関係性を増すことが WLB の改善に大きく作用するとの仮説に基づいて大規模なアンケート調査をすることにより解明し，新たな提案を行なった。

現状の家族の一般的傾向として，とくに WLB の低い家族の傾向に関して聞き取り調査を行なうと，以下のような傾向が得られた。①父親（働き手）は，仕事，職場の同僚などとの付き合いや仕事の延長により，家族のメンバーとの関係性を高める時間的余裕がない。②母親は，友人，学校や近所付き合いで忙しく，働き手との関係が弱くなりがちである。③子供も，友人や塾などで家庭にいる時間が少なく，関係性も十分ではない（**図**参照）。したがって，家庭での関係性を改善すれば，必然的に WLB が向上するという仮説を提唱した。

この仮説に従い，3000 人を超える大規模なアンケート調査を行なった。その結果，**表 1** に示すように，WLB のレベルと家族関係の強さに関する設問の

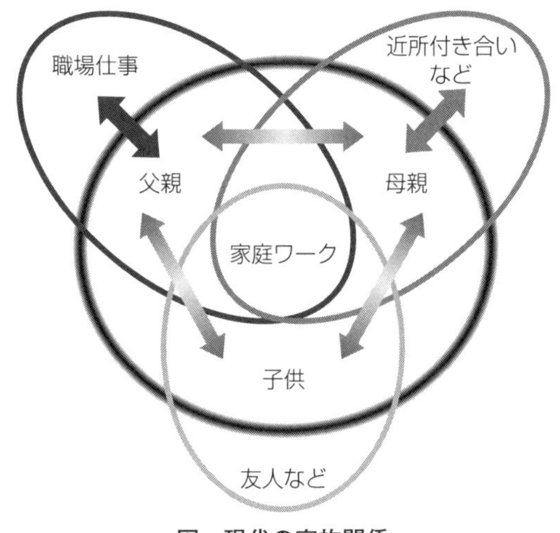

図　現代の家族関係

すべてと有意な相関関係が認められ，仮説は支持された。すなわち，**表2**に示すように，家族関係を強化するよう意識づけ，あるいはそのための実践を行なうことにより，WLBは改善の方向に向かうという示唆がなされた。今後は，一家団欒，双方向コミュニケーション，旅行，共通の趣味などが大切なこと，企業もそのための援助を行なうことが有益であることが示唆された。

このように，これまでの取り組みの延長や拡張を指向するのではなく，視点を転換することでまったく新しいソリューションが提供できることを示した。WLBは，わが国のすべての将来的課題の根本原因である少子化問題の解決に示唆を与えることができる点で，既存の方法のように多大な予算や大規模な取り組みになりがちな現状を，家族単位の理解と意識の変革により達成できる可能性を提案した。

表１　WLB のレベルと家族関係の強さに関する設問のすべてとの相関関係（$p<0.01$）

	Family-Ideal	Family-Reality	Work-Ideal	Work-Reality	WLB Reality	WLB Ideal
Pearson の相関係数	Q26-1 家族を大切にしている	Q26-2 家族はうまくいっている	Q26-3 仕事を大切にしている	Q26-4 仕事はうまくいっている	Q26-5 WLB はとれている	Q26-6 WLB をとりたい
Q26-1 Family-Ideal 家族を大切にしている	1	0.782	0.285	0.285	0.496	0.487
Q26-2 Family-Reality 家族はうまくいっている	0.782	1	0.329	0.363	0.541	0.467
Q26-3 Work-Ideal 仕事を大切にしている	0.285	0.329	1	0.604	0.469	0.409
Q26-4 Work-Reality 仕事はうまくいっている	0.285	0.363	0.604	1	0.594	0.490
Q26-5 WLB Reality WLB はとれている	0.496	0.541	0.469	0.594	1	0.658
Q26-6 WLB Ideal WLB をとりたい	0.487	0.467	0.409	0.409	0.658	1

数値が大きいほど両者の関係が有意。

表2　ワークライフバランスの改善（$p<0.01$）

第1主成分との相関	Pearsonの相関関係	実験結果
Q27-1 Q27-8 Q27-14	一家団欒（食事，おしゃべり，鑑賞など） 家庭はなんでも相談できる雰囲気である 一家全員で食事をする	0.490 0.467 0.467
Q27-13 Q27-3 Q27-2	家族イベントを行なう（誕生会，記念日，パーティなど） 一緒にいる時間を長くする 家族旅行に行く	0.407 0.391 0.386
Q27-11 Q27-12	言葉や態度で思いやりを表現する スキンシップをとる（キス，ハグ，頭をなでる）	0.378 0.364
Q27-15 Q27-16	親戚と交流する 交遊関係をお互いに紹介する	0.330 0.323
Q27-17 Q27-6 Q27-20	夫婦は同一の姓をもつ 共通の趣味をもつ 共通の友人をもつ	0.314 0.295 0.294
Q27-4	子供の教育に力を入れる	0.293
Q27-10	共同作業をする（庭づくりなど）	0.278
Q27-5	家事を分担する	0.232
Q27-9	家計にゆとりがある	0.205
Q27-7	地域での活動に参加する	0.175
Q27-19	献身的な行為・行動をとる（自分を犠牲にして）	0.156
Q27-18	ペットを飼う	0.088

数値が大きいほどWLBの改善効果が大きい。

4.15

欲求連鎖分析の開発

牧野由梨恵（2011年3月修士課程修了）らは，欲求連鎖分析（Wants Chain Analysis；WCA）という新たな分析手法を開発する研究を行なった。開発した手法は現在，修士課程必修科目「デザインプロジェクト」で修士課程の全学生に対して教えられている。

経緯は以下のとおりである。彼女は，もともと環境配慮行動をいかにして促進するか，という研究を志していた。どうすれば人々がもっと環境に優しい行動をとるようになるか，についての研究である。その研究のなかで，デザインプロジェクトで学んだ顧客価値連鎖分析（Customer Value Chain Analysis；CVCA，ステークホルダー間の金，物，サービス，情報の流れを可視化する手法）を用いていた。ところが，CVCAでは心の動きを表現できない。つまり，それぞれのステークホルダーがもつ利己的・利他的な欲求を表現できない。そこで，利己と利他，自力と他力の2行×2列からなる欲求のマトリクスを開発するとともに，その結果明らかになった欲求をハートマークとともにCVCAの上に書き出す手法を開発したのである。

図に欲求連鎖分析の事例を示す。図の左側に示すように，実線のハートは利己的な欲求を，点線のハートは利他的な欲求を表わす。また，アミがかかったハートは自力で実現する欲求を，白いハートは他力の欲求を表わす。たとえば，

自力・利己：「水を飲みたい」

自力・利他：「誰かに水を飲ませてあげたい」

他力・利己：「誰かに水を飲ませてほしい」

他力：利他：「誰かが誰かに水を飲ませてあげてほしい」

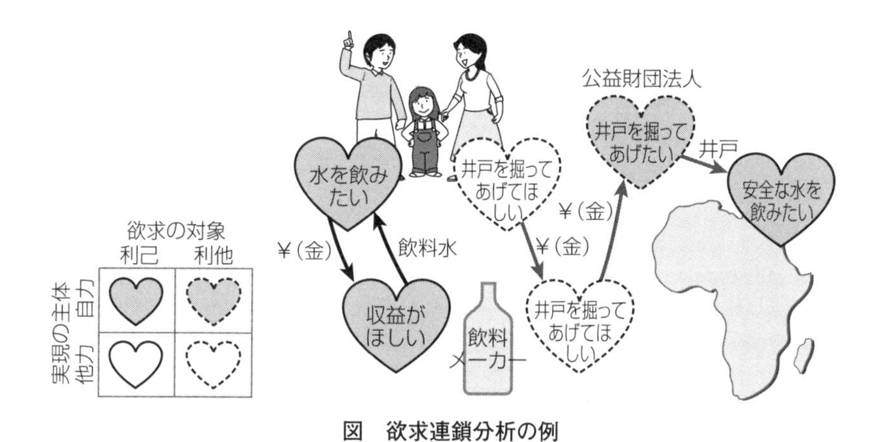

図　欲求連鎖分析の例

のようになる。このように区分けしたハートマークを，各ステークホルダーのところに描き出すことによって，欲求が連鎖する様子を可視化することができる。図示したのは，ペットボトル入り飲料水の購入単価の一部が公益財団法人を介してアフリカで井戸を掘るために使われるというビジネスモデルについて書いたものである。消費者の「水を飲みたい」という利己的な欲求は，飲料メーカーの「収益がほしい」という利己的な欲求とウィン・ウィンの関係になっているのに対し，消費者の「誰かがアフリカの人のために井戸を掘ってあげてほしい」という利他的・他力の欲求は，飲料メーカー，公益財団法人の利他的な欲求を介して「安全な水を飲みたい」というアフリカの人の欲求に届いている。このように，利己的・利他的な欲求のチェーンを可視化できるので，ビジネスモデルのデザインと評価，人々の欲求の可視化などのために有効な手法である。

4.16

システムとしての幸福学研究

「幸せ」は従来，哲学の対象と考えられていたが，1980 年代以来，心理学的研究の対象とみなされるようになった。欧米では，Well-Being Study ないしは Happiness Study とよばれて年間数百件の論文が掲載される分野に育っている。また，これらを実践する学問として，人のポジティブな側面に光を当てた実践分野であるポジティブ心理学や，瞑想などを行なって心を整える実践活動であるマインドフルネスが実業界で脚光を浴びている。

ただし，心理学としての幸福研究は，たとえば幸せと収入の関係の分析，幸せと親切さの関係解析，といった個別の研究に向かいがちであった。ポジティブ心理学は学問的根拠が不明確な傾向があった。このため，慶應 SDM では，心理学的研究結果を全体として統合し体系化したり，その結果を実用的な場で活かすといった「システムとしての」幸せ研究を行なっている。ここでいうシステムとは，研究間の関係性に陽に着目する，という意味である。

研究成果の一例として，幸せの 4 つの因子を紹介しよう。前野らは，幸福に影響する心的要因 29 項目 87 個の質問を作成し，インターネットで 1500 人の日本人に対して SD 法（Semantic Differential 法）によるアンケート調査を行なった。また，その結果を因子分析した。その結果，幸せに影響する 4 つの心的因子を求めた。結果は以下のとおりである。

［第 1 因子］自己実現と成長（やってみよう因子）：目標を達成したり，めざすべき目標をもち，学習・成長していること。

［第 2 因子］つながりと感謝（ありがとう因子）：多様な他者とのつながりをもち，他人に感謝する傾向，他人に親切にする傾向が強いこと。

［第 3 因子］前向きと楽観（なんとかなる因子）：ポジティブ・前向きに物事をとらえ，細かいことを気にしない傾向が強いこと。

［第 4 因子］独立とマイペース（あなたらしく因子）：自分の考えが明確で，人の目を気にしない傾向が強いこと。

さらに，1500 人の回答者をクラスター分析した結果，幸福な者（同時に調査したディーナーの人生満足尺度が高い群＝全体の 20％）は 4 つの因子すべてを満たしている傾向の高い群であることを明らかにした。つまり，幸福の様相は人それぞれであるものの，全体としては幸福の 4 因子を満たした人が幸せな傾向をもつのである。

よって，これら 4 つの因子を満たしているか否かによって，人々の幸福度の概略を計測できるのではないかと考えられる。4 つの指標を参考にすることによって，街づくり，モノづくり，コトづくりなどの活動が，どの程度，どのような幸福に寄与しているかを評価することができると考えられる。

このため、幸せの 4 つの因子や幸せに相関する事柄をまとめた「幸せカルタ」を用いた、街づくり、モノづくり、コトづくりのための創造的アイデア発想法を開発し、人々の幸せに寄与するシステムデザイン研究を行なっている。

また、幸せの 4 つの因子を高めることは、人々の精神的健康度を高め、対ストレス強度を増したりレジリエンスを増すことにつながったりするため、幸せの 4 つの因子などを用いた介入研究も行なっている。

参考文献

1）前野隆司：幸せのメカニズム―実践・幸福学入門．講談社現代新書，2013.
2）前野隆司：幸せの日本論―日本人という謎を解く．角川新書，2015.
3）篠田結衣・前野隆司：幸せカルタを用いた幸福システムデザイン法．日本創造学会第 35 回研究大会，2013.

第 5 章
人材育成の事例

この章では，人材育成の事例を述べる。2008 年の慶應 SDM 設立以来，修士課程一学年定員 77 名，博士課程一学年定員 11 名を維持しているので，多くの修了生を輩出しているが，ここではその一部を紹介する。

5.1

SDMの学びを活かして新規事業を推進

八木田寛之 氏

八木田氏（三菱日立パワー，2011年3月修士課程修了）は，慶應SDMではデザインプロジェクトのアイデア創出手法の改良に関する研究を行なった。その後，三菱重工グループでのK3プロジェクトを旗揚げした。すなわち，事業部門を越えて32人の若手・中堅社員を集めてチームを立ち上げた。皆で1040個のアイデアを生み出したのち，いくつかのアイデアに絞り込んだ。

「プライベートウォーター®システム（PWS）」は，大都市への人口集中により今後増加していく高層オフィスビルなどの建物内で利用する水を循環・利用するためのシステムである。ポイントは2つある。1つは，建物内で利用される水の浄化・循環を行なう「モジュール型システム」で，浴室，台所，トイレなどの生活排水を地下に集めて浄化し，求められる水質・水量に分けて循環・供給する仕組みである。たとえば，風呂や台所などからだには触れるが直接体内には入れない水，トイレ排水のように人体に触れない水，飲料水（水道水より高度に浄化し飲料に適した水）という具合に，利用場所や利用者に応じて異なる品質の水を供給できる。もう1つは，「排水側課金システム」である。水道水のように利用量に応じて課金するのではなく，排水量と水質に応じて課金する仕組みである。水を必要な量だけ汚さずに利用すると費用が安くなるので，水を大切に利用しようというインセンティブを高められると考えられる。

このように，慶應SDMで学んだイノベーション創出手法を活かし，大企業内でイノベーティブな活動を行なっている。

5.2

ETH 留学中の野中氏（中央）

留学・研究経験を活かして研究者として活躍

野中朋美 氏

野中氏（青山学院大学助教，2012年博士課程修了）は，慶應SFCを卒業して就職したのち，退社して慶應SDMの修士課程に入学した。慶應SFCでは優秀卒業研究賞受賞，慶應SDMでは最優秀賞を受賞して研究科修了生総代表となり，その後，博士課程をわずか2年で卒業した優秀な学生である。修士課程と博士課程4年の在籍中に，デルフト工科大学（修士）とスイス連邦工科大学（博士）に留学し，研究助手時代にはマサチューセッツ工科大学に研究滞在をして国際感覚を磨いた。

研究テーマは，電気自動車などの環境指向自動車を普及させるための社会・技術政策である。ライフサイクルアセスメントを用いて，環境税やグローバルサプライチェーンの研究を行なった。これはいわゆるinterdisciplinaryな研究であるが，税金政策とは無縁と考えられてもおかしくない日本機械学会で4本の論文が掲載されていることから，慶應SDMの幅の広さを示していると思われる。

野中氏は，慶應SDMを修了後，神戸大学，青山学院大学において経営工学やサービス工学分野にも研究の幅を広げている。現在のおもなテーマは，生産システム工学分野の環境配慮型スケジューリングを製造フロアだけでなくサービスの生産性向上に応用する研究や，サービス産業における従業員満足度と顧客満足度モデル研究である。一般に慶應SDM修了生は，専門にこだわらず新しい課題や機会に積極的に挑戦する素養，他の人材を巻き込む素養を身につけている。野中氏はそういう面で模範となる学生であり，今後の活躍がおおいに期待されている慶應SDM修了生の一人である。

5.3

母国でMBSE, SysMLを推進

朱　紹鵬 氏

朱氏は，千葉大学大学院自然科学研究科修士課程でマルチボディダイナミクス，制御システム設計を学び，その後，慶應SDM後期博士課程に進学した。慶應SDMでは，スタンフォード大学の故石井浩介教授，MITのオリヴィエ・デ・ヴェック教授から直接学ぶという機会も得られ，グローバルな視野に立って異文化を理解することで高い見識を得ることができた。まさに，朱氏にとって最高の教育研究環境であったと思う。

博士論文「二輪自動車の前輪操舵アシスト制御システムのモデルベースデザイン」では，モデルベースシステムズエンジニアリング（MBSE）のプロセスに則り，SysMLを活用してシステムレベルからのモデル記述を明確に行なったうえで，二輪自動車に必要なライダーアシスト制御システムをまとめている。2008年の慶應SDMスタート当初から私（西村）とともに，MBSEとSysMLを学んだ成果がここに結実した。

こうして，朱氏は2010年3月に後期博士課程を修了し，その後1年間は特任助教として慶應SDMの教育・研究活動を支えてくれた。中国の浙江大学の専任講師に着任してからは，慶應SDMで学んだことを活かし，大学3年生に対して，先端的なMBSEおよびSysMLに関する講義“モデル駆動開発および制御システムデザイン”を行なっている。また，彼女自身が慶應SDMのデザインプロジェクトから学んだ経験をもとに，制御システム設計のワークショップを行ない，学生らの創造力の育成に尽力している。2014年12月に准教授となり，中国国内での産学連携による共同実験室の設立にも貢献している。2015年7月には一女の母となった。

5.4

環境問題で母国と日本の架け橋に

Seng-Tat Chua 氏

チュア氏（Centre Director Japan, Singapore Economic Development Board, 2011年9月修士課程修了）は，シンガポール共和国国費留学生として2009年にアメリカ・カリフォルニア大学バークレー校化学工学部を卒業後，慶應SDMの修士課程に入学した。慶應SDMでは，ビジネスエンジニアリング研究室に所属して，修士研究ではシンガポールにおける電気自動車普及のための政策を研究した。炭素税と補助金のどちらが経済面と環境面で優れているか，いつ政策を切り替えるのが適切かについて，2030年までのシミュレーションを行ない結論づけた。その論文は，国際情報処理学会（IFIP）の国際会議論文としてSpringerから出版された書籍に掲載されている。

2011年に慶應SDMを修了後，シンガポール経済開発庁エネルギー・化学産業部でSenior Officerとして働き，2014年2月にシンガポール経済開発庁エネルギー日本事務所の所長ならびに駐日シンガポール共和国大使館書記官として赴任し，現在（2016年7月）に至っている。日本企業にシンガポールへの投資をよびかけることが仕事であるが，慶應SDMにおいて日本文化や日本人の行動様式に触れたことがいま役立っている。慶應SDMに在籍する留学生の多くは，修了後自国で活躍し，その後日本との懸け橋になる人材に成長している。チュア氏はそういう面で模範となる学生であり，今後の活躍がおおいに期待されている慶應SDM卒業生の一人である。

5.5

システムズエンジニアリングを浸透させる立場に

関　研一 氏

関氏とは，慶應 SDM の設立準備をしていた 2007 年に，故石井浩介先生の ME317 “Design for Manufacturability” の会合に出席して知り合った。これがきっかけとなり，彼は慶應 SDM の後期博士課程に入学した。テーマは，コンシューマエレクトロニクスの開発に際して行なわれている国際分業での手戻りの防止についてである。オリヴィエ・デ・ヴェック教授（MIT）の講義で学んだ DSM（デザイン・ストラクチャー・マトリクス）を用いて，彼はさっそく大きな模造紙に問題となっているプロセスを表記してきた。

私（西村）は SysML を学びはじめたばかりであったが，コンシューマエレクトロニクス製品について熱設計のビューでシステムモデル表現を行なってみた。すると，先の DSM とこのシステムモデルとの間には大きな関係性があることに気づいた。シンガポールで開催された INCOSE IS 2009 で関氏が論文発表を行なったところ，発表後に彼を囲んで人だかりができていた。

関氏は 2012 年 3 月に博士（システムエンジニアリング学）を取得したあとも，さまざまな形で慶應 SDM に貢献してくれている。MIT プレスから出版された “Design Structure Matrix Methods and Applications”（Steven D. Eppinger and Tyson R. Browning 著；邦訳＝『デザイン・ストラクチャー・マトリクス DSM』，西村秀和監訳，慶應義塾大学出版会，2014）の翻訳では，大富浩一氏（元東芝，現東京大学，SDM 研究所主席研究員）とともに協力をしてくださった。

ソニー生産センター統括部長を経て，2016 年 4 月からは千葉工業大学教授を務める関氏は，幅広い領域にシステムズエンジニアリングを浸透させようとしている。関氏の論文へのアクセス件数は，私の論文リストでダントツである。

5.6

文系・理系を超えたヒューマンインタフェース研究

伊藤研一郎 氏

伊藤氏（研究奨励助教，2013年3月修士課程修了，博士課程在学中）は，慶應義塾大学商学部を卒業後，慶應SDM修士課程に進学，現在は博士課程に進み研究に励んでいる。慶應SDMに入学してから行なっている研究は，HUD（Head Up Display）を用いた自動二輪車用の情報提示システムに関する研究である。自動二輪の運転者は，四輪自動車と異なりつねに路面を注視しながら運転を行なう。そのため，四輪自動車と同様のカーナビゲーションシステムを用いることはできず，ウィンドシールドを利用した情報提示システムの提案を行なっている。研究テーマとしてはヒューマンインタフェース，バーチャルリアリティなどの機械工学・情報工学の融合分野にあたる。伊藤氏はもともと商学部の文系出身であるが，学部時代にはIT系の会社を起業した経験があり，本格的にIT技術を基礎としたビジネスやプロジェクトのマネジメントの手法を身につけたいということで慶應SDMに入学した。慶應SDMは文理融合の研究科であるが，伊藤氏は商学部で得た知識と情報工学の技術を結びつけることで，実学としてのSDM学を志しているといえる。また，伊藤氏はもともと小学校の途中までアメリカで育ち，修士課程在学中にはスイスのETH（チューリッヒ工科大学）への留学を経験するなど，国際的な視点も身につけている。現在は博士課程に在籍しながら研究奨励助教として，修士学生に対しても指導的な立場である。博士課程終了後は，研究者・教育者としての道をめざしているが，今後は慶應SDMで学んだ幅広い視点での問題の考え方を，実際の社会の問題や課題に適用しながら世の中に広めていく立場としても，今後の活躍が期待される。

5.7

システムデザインという視点で医療問題を考える

勝間田実三 氏

勝間田氏（小松会病院，2013年9月博士課程修了）は，明治大学経済学部で国際金融を学んだのち，東京銀行（現 三菱東京 UFJ 銀行）に入行し，西アフリカのコートジボワール共和国や東アフリカのケニア共和国に赴き，ODA として国際的な経済協力活動にかかわってきた。ここで発展途上国における医療格差問題に関心をもち，帰国後に病院の事務局長に転身し，さまざまな医療問題に取り組みはじめた。仕事を行ないながら，社会人学生として日本福祉大学大学院修士課程を修了後，慶應 SDM 博士課程に入学した。慶應 SDM ではインドの地方村を対象に，インターネットと移動型クリニック車を連携させた診療システムを提案し，実際に何度もインドを訪れながら移動クリニック車の走行実験などを行ない，博士論文としてまとめた。現在も慶應 SDM 研究員として研究を継続しながら，インドの病院や NPO 組織との交流をつづけ，日本からインドへの遠隔診断技術の移転や，インドから日本へのスピリチュアルケアの導入など，精力的な活動をつづけている。現在，医療が抱える問題としては，医療費コストの増大，医療従事者の不足，地域間格差の拡大など，社会的な問題も多い。これらの問題に対して，医師としてではなくシステムデザインという視点で考えるアプローチは新しく，医師だけでは解決できない種々の医療問題に対する SDM 学の実践者として活動をつづけている。

5.8

ユーザの真のニーズをイラストで可視化

岩谷真里奈 氏

岩谷氏（旧姓相川，エポック社，2014年3月修士課程修了）は，慶應SDMでは，ワークショップにおいてイラストを用いてイメージを視覚化する表現活動であるイメージプロトタイピングを行なう際に，必ずしもすべての参加者が積極的に参加できるわけではないという課題を解決するための研究を行なった。既存の取り組みでは，参加者が表現したいイメージを専門家が視覚化する手法や，専門的な能力を必要とするツールを用いて視覚化する手法があるが，それらの手法では参加者のワークショップへの主体性が下がってしまうことがあり，岩谷氏は参加者が自らイメージプロトタイピングを行なうための手法（以下，本手法）の設計を行なった。

そのために岩谷氏は，さまざまなワークショップに参加し，参与観察を行なった。そのうえで本手法への要求仕様を定義し，表現力に個人差があることや，制作の困難さを軽減させるためのツールとしてイメージシールの設計を行ない，それを用いたイメージプロトタイピング手法を構築した。この手法は，複数のワークショップで活用され，有用性が確認されている。

美術大学を卒業し，「エンドユーザの真のニーズを明らかにしてシステマティックにものごとを実現する能力をつけたい」という動機で入学した岩谷氏は，この研究成果などが評価され，修了時に学生優秀賞を受賞し，現在は玩具メーカーで新規企画やデザインに従事し，ヒット商品を生み出している。また，同期の小荷田成尭氏（ソフトバンクモバイル社，2014年3月修士課程修了）とともにクリエイティブな活動を促進するためのスケジュール管理ツールを考案し，クラウドファンディングで資金を得て商品化につなげるなど，多方面で活躍している。

5.9

SDM の思考体系を武器に復興に挑む

高峯聡一郎 氏

高峯氏（岩手県宮古市都市整備部長，2010 年 9 月修士課程修了）は，慶應 SDM にて共生の研究を行なったのち，在学中の 2010 年に国土交通省に社会人キャリア採用で入省した。その年度の末に東日本大震災があり，震災担当の業務に従事したのち，2013 年度 4 月から宮古市に都市整備部長として赴任した。都市整備部は，復興区画整理や高台造成，災害公営住宅の建築や復興道路の建設に取り組んでおり，彼はその部の部長として 3 年間，陣頭指揮にあたった。2016 年 4 月 1 日より国土交通省都市局市街地整備課課長補佐。

慶應 SDM で学んだプロジェクトマネジメントやシステムデザインの手法，コミュニケーションのスキルなどが仕事に役立っているという。彼によれば，「私が最も慶應 SDM で学んでよかったと思えるのは，どんなときも，つねに立ち返る場所が脳みその中にあることです。それは〈目の前の事象に対して，もれなく関係要素を洗い出し，求められるものを徹底的に分析し，課題の解決策を統合し，結果を検証する〉という思考体系です。復興はかかわる人々が多く，事業が複雑で，予算も多額です。そして，非常に期限が短期であり，まさに巨大で複雑なプロジェクトです。そのなかで，慶應 SDM で得た武器を手に復興の実現に挑んでいます」とのことである。

国土交通省復帰後は，東日本大震災からの復興で得たノウハウを活かし，2016 年 4 月に発生した熊本地震からの復興にも取り組んでいる。

5.10

SDM学を経営に活かす

石渡美奈 氏

石渡氏（ホッピービバレッジ代表取締役，2016年3月修士課程修了）は，祖父が創業したホッピービバレッジを引き継いだ3代目社長である。ホッピーを広く社会に浸透させ，会社の売り上げを何十億円も増大させた敏腕社長として知られている。

彼女は，「今後の経営は社員を大切にする経営であるべきだ」との思いから，慶應SDMの修士課程において，社員のリーダーシップと幸せに関する研究を行なった。具体的には，手つかずの森に入って一人で何時間ものあいだ内省したり，森の中に集まって社員どうしで対話をしたりする活動が，いかに社員のチームワークの向上，自分の夢ややりがいの明確化，リーダーシップの発揮，幸福度向上などにつながるかという研究を行なった。本研究は，株式会社森への協力のもと行なわれた。この結果，手つかずの森は，多様な動植物が共生しており，平和のメタファーとしての協働のアナロジーに満ちているため，長時間の森での内省や対話が各人の課題認識・課題解決にきわめて有効であることを明らかにした。また，デザインプロジェクトその他の科目においても，つねに明るく人気者の彼女は，皆のやる気向上のためのコアとして活躍していた。国連世界ハッピーデーを祝って日比谷公園で行なわれたハッピーデー東京のイベントにも研究室の仲間とともにボランティアとして出演し，皆が明るく楽しく生き生きとともに生きる社会実現のために邁進している。

修了後も，社員と顧客を幸せにする「ホッピーでハッピー」を推進したり，経営者の集まりで活躍したりするなど，慶應SDMでの学びを活かして多方面で活躍している。

コラム：自己紹介に代えて

私たちを幸福にする社会・政治システムのデザイン

谷口尚子

1. 社会と政治のシステム論

SDM 学の射程はきわめて広い。工学的システムの開発やそのマネジメントは，当該システムの目的を果たすために最適化される。また，私たち自身も構成要素であるような組織や社会のシステムの最適化には，それ特有の難しさがある。私たちを幸福にするようなシステムは，どうすればデザインできるのか。ここでは，社会や政治のシステムデザインについて考えてみたい。

社会を「システム」としてとらえる見方は，哲学・思想・歴史といった人文学の理論的枠組みから自然科学のそれへと関心を広げた社会学でまず発展した。20 世紀中盤から後半にかけて活躍したハーバード大学のタルコット・パーソンズや，ドイツのニクラス・ルーマンの「社会システム論」が有名である。方法論的個人主義ないし要素還元主義のパーソンズに対して，ルーマンは全体的・多次元的・相互補完的・相互浸透的なアプローチを提唱した点で，より現代的である。

社会のガバナンスを考える政治学のアプローチも，人文学から自然科学に拡張しはじめた。とくに「戦争の世紀」といわれる 20 世紀においては，国際競争を勝ち抜くための学問（とくに科学技術）が最重要視されたために，政治学も「科学のフリ」をする必要があった。そういうわけで，現代政治学の英語名は politics ではなく，political science となった。

第二次世界大戦直後からシカゴ大学で教鞭をとったデイヴィッド・イーストンは，コンピュータの入・出力システムのような「政治システム」を構想した（**図 1**）。すなわち，社会の主役たる「市民」が，環境と自身の状態に応じて政治にさまざまな要求を行なう（input）。政治の意思決定者はその要求を受けて，

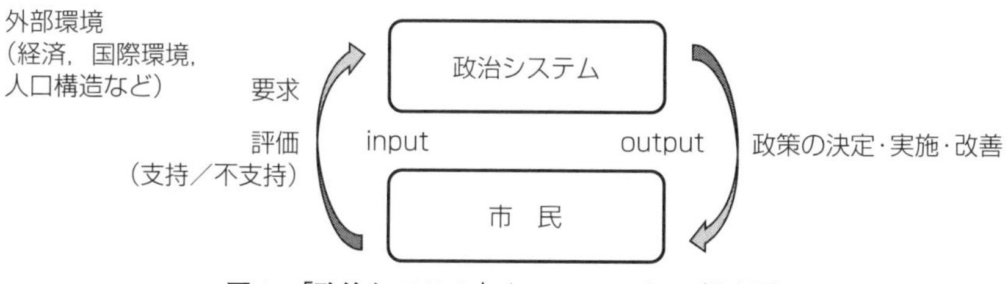

図１「政治システム」（Easton 1953）**の概念図**

競争や調整を経ながら政策化する（output）。その政策に対する市民の評価（支持／不支持）が，政策を継続させたり変更させたりする（再度の input）。選挙を通じた有権者の選択と政策の循環システムと考えるとわかりやすい。イーストンのいう「望ましい政治システム」とは，こうした循環が均衡のとれた形で進むことであった。

2.　社会の「input」を分析する

もちろん現実の政治プロセスは複雑であるが，人々の要求と支持なくして民主制は成り立たないので，まずはその内容や構造を理解することが重要である。そもそも，「私たちはどのような状態のときに何を求めるのか」がわからなければ，私たちを幸せにするシステムをデザインできないからである。大勢の人々の要求，つまり意見・態度・価値観などを調べる一般的手法の一つは，アンケート調査である。研究におけるアンケートは，「○○という意見をもつ人が○％いた」という分布を把握するためだけに行なうのではなく，得られたデータを使ってその意見の背景にある心理構造を解明したり，外部環境・条件（経済・政治的状況など）の影響を測定したり，時系列的比較や国際比較を通じて包括的で普遍性の高い知見を得るために行なう。

たとえば，心理学者アブラハム・マズローは「人の欲求は条件がそろって充足されると高次化していく」という「欲求段階説」を唱えた。ミシガン大学のロナルド・イングルハートは，国の成熟度と人々がもつ価値観の関係もこれに通じるものがあるとして，1980 年代から「世界価値観調査（World Values Sur-

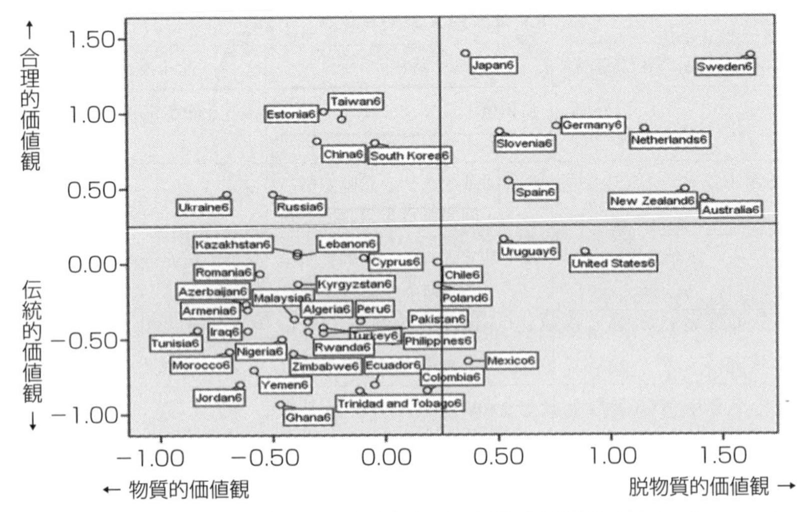

図 2　世界価値観調査データに基づく各国の平均的価値観（栃原・谷口 2016）

vey)」を始め，5 年ごとに約 80 カ国の人々の価値観を統一的項目で調査している。この調査は，各国が置かれた環境・発展段階に応じて人々の価値観が異なること，環境変化に伴って価値観も変わること，歴史・文化的背景の類似性や地理的な近接性によって各国の価値観が類似すること，などを継続的に明らかにしている。すなわち，誕生したての国家や社会では，紛争が絶えず生産性が低いために，人々は生命の維持と「衣食住」の確保をまず考える。経済の主軸が第一次産業（農林水産業）から第二次産業（製造業・鉱工業）に移ると，人口増加や都市化が飛躍的に進み，人々の価値観は伝統主義から合理主義・物質主義へと変化する。高度サービス業などの第三次産業が中心となるような先進国では，人々の物質的欲求はひとまず満たされ，脱物質的欲求（個人の自由や自律，民主主義の進化など）をもつようになるとされる。

たしかに世界価値観調査データを使って各国の平均的価値観をマッピングしてみると，左下の象限にはアフリカ，南・東南アジアの国が集まり，左上に旧共産主義国家，中心上部に東アジア，右上に欧米諸国が位置する（**図 2**）。お

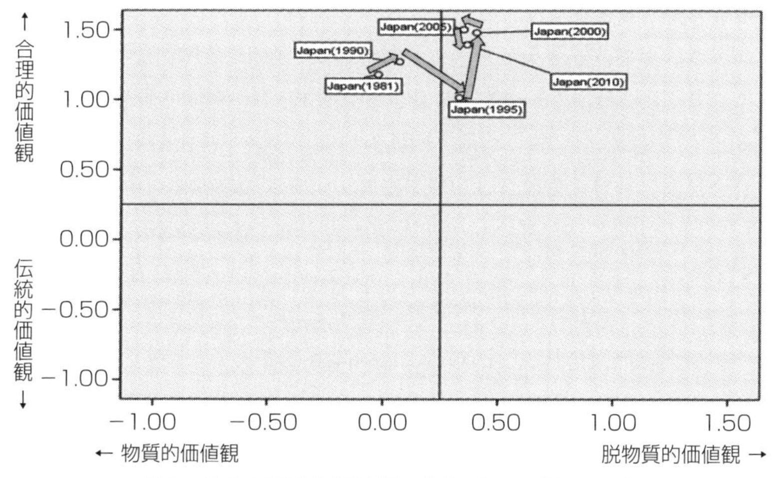

図3　日本の平均的価値観の変化（谷口・栃原 2016）

おむね社会の豊かさが増すに従って，人々の価値観は「伝統主義」から「合理主義」「物質主義」，そして「脱物質主義」に移行しているように見える。ここで日本人の価値観の変化に注目すると，年代を経るごとにヨーロッパ諸国のように脱物質主義化していたが，バブル経済崩壊後は逆方向にやや戻る傾向にある（**図3**）。経済が苦境に陥ったために，個人の自己実現や社会の成熟よりも，「まずは暮らしを安定させたい！」と願うようになったのか。こうした傾向を見ると，政治は社会の発展度やその時々の状況に応じて，めざすべき方向性や実行すべき政策の軌道修正をしなければならないことがわかる。「空気の読めない政治システム」では，人々を幸福にすることはできないのである。

3.　政治の「output」を分析する

政治による output を量的にとらえることもできる。現代の民主制国家は，有権者が代表を選んで政治的意思決定を委託する「代議制（間接民主制）」を採用している場合が多い。有権者は自分の要求に合う政策を掲げる候補者や政党を選挙で選ぶ。多くの支持・票を得て議会で多数派を占めた「与党」は，そ

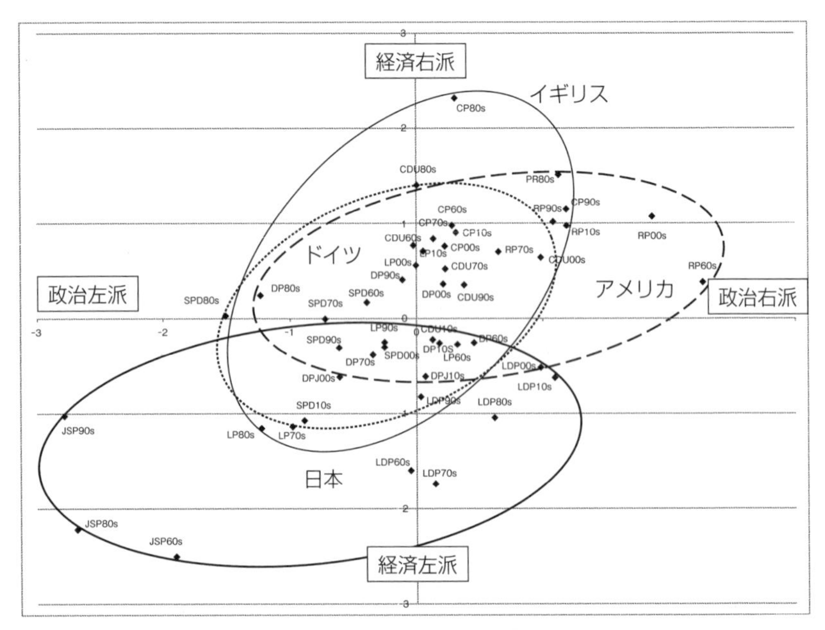

図4　米・英・独・日の与野党の政策位置とその変遷（谷口・ウィンクラー 2015）
LDP＝自民党，DPJ＝民主党，JSP＝社会党，DP＝米民主党，RP＝米共和党，CP＝英保守党，LP＝英労働党，CDU＝独キリスト教民主同盟，SPD＝独社会民主党。60s = 1960 年代，70s = 1970 年代，80s = 1980 年代，90s = 1990 年代，00s = 2000 年代，10s = 2010 年代の選挙。

の政策の実現をめざす。少数派の「野党」は別の要求を代表しているから，与党案を批判したり修正を求めたりする。

試みに，4つの先進民主主義国（米，英，独，日）の与党と最大野党の政策（選挙時の政権公約）の特徴を，イギリスとドイツに本拠地を置く Manifesto Research Group/Comparative Manifesto Project（Klingemann *et al.* 2006）の政策コーディング手法によってデータ化し，図示した（**図4**）。横軸を政治的対立，縦軸を経済的対立とする。各国各政党の政策の分析から，「政治右派」は国防力・独立・愛国などを，「政治左派」は軍縮・国際協調・民主主義などを，「経済右派」は自由経済・市場・財政健全化などを，「経済左派」は経済統制・平等・福祉などを強調することがわかっている。この4カ国のなかでは，1960～90年代の日本の与野党は政治・経済ともに「左派」の領域で争っていた。しかし，東西冷戦構造やバブル経済が崩壊したあとは，日本の与野党間の政策距離は大幅に縮小し，政治・経済ともに真ん中あたりで争っているようである。近年，与党は政治的にはやや右傾化しているが，経済的にはまだ左派的である。これは，東アジアの緊張により政治的には強い姿勢を打ち出しているものの，経済が本格回復していないことから，景気対策や社会保障政策の充実が欠かせず，財政健全化が後回しになっていることをよく表わしている。英米独でも各国の事情に合わせて与野党の政策位置が変化しているが，興味深いのは日本も含めて中央に収束しつつあることである。主要政党が多様な民意に応えるようになった結果，極端で実現が難しそうな政策は主張されなくなっているのかもしれない。

4. 社会的・政治的課題のソリューションデザイン

イーストンの「政治システム」は民主社会の全体像を視野に収めているが，その内部には，私たちの課題のソリューションをめざすさまざまなシステム（法，制度，仕組み）が内包されており，つねに改善や刷新が求められている。

たとえば，選挙の投票率低下や若者の政治的無関心が懸念されて久しいが，それを改善すべく，2016年の国政選挙から選挙権年齢が18歳に引き下げられた。上の世代が自らにとって有利なシステムを構築すると，後から参入する下の世代はどうしても不利になる。日本の公的年金や医療制度の維持が危ぶまれるのも，次世代の利益まで考慮したシステム設計になっていないからである。そのうえ，若者が政治に無関心でいると，若者にとって不利なシステムが持続し，さらに不利になるという悪循環が生じる。投票率の高い高齢者を優遇する政策が実現されやすくなる状態を「シルバー民主主義」とよんだりするが，その偏りを軽減するため，世代別選挙区の導入や親が未成年者の利益を考えて代理投票するといった案も議論されている（たとえばDemeny 1986）。かといって，各世代の理解が得られないようなシステムを導入すると，世代間闘争が起きて社会が不安定になってしまう。多様な世代が協調できる社会システムをどうデザインするかは，まさに国の将来を左右する大仕事なのである。

システムデザインにおいては，まずステークホルダー分析や要求分析を行なうことが肝要とされるが，社会システムのデザインではステークホルダーや要求が多彩で，「こちらを立てればあちらが立たず」という場合が多い。根本的には，システムのゴールを設定する前に，「どのような社会が私たちを幸福にするか」という価値観を打ち立てることが必要となる。近年，選挙で政治家という「代理人」を選んで決定を「お任せ」するのではなく，さまざまな価値観をもつ市民が政策について直接的・徹底的に話し合う「熟議・討議民主主義」が注目されている（Fishkin 2009）。慶應SDMではグループワークを行なうことが多いが，その活動はまさしく「熟議・討議」である。グループワークで，社会的課題のソリューションに関する突飛なアイデアが出るのはよいことである。いつかそれに時代が追い付き，社会全体で議論されるときが来るかもしれない。

参考文献

1）Demeny, P.：Pronatalist Policies in Low-Fertility Countries: Patterns, Performance and Prospects. *Population and Development Review*, **12**, 335-358, 1986.

2）Easton, D.：The Political System: An Inquiry into the State of Political Science. Alfred A. Knopf., 1953.

3）Fishkin, J.：When the People Speak: Deliberative Democracy and Public Consultation. Oxford University Press, 2009.［曽根泰教 監修・岩木貴子 訳：『人々の声が響き合うとき―熟議空間と民主主義』，早川書房，2011.］

4）Inglehart, R.：The Silent Revolution. Princeton: Princeton University Press, 1977.

5）Klingemann, H., Volkens, A., Bara, J., Budge, I. and McDonald, M.：Mapping Policy Preference Ⅱ. Oxford University Press, 2006.

6）Maslow, A.：A Theory of Human Motivation. *Psychological Review*, **50**(4), 370-396, 1943.

7）Parsons, P.：The Social System, Routledge, 1951.

8）谷口尚子，クリス・ウィンクラー：政党公約の国際比較―日本の政党公約の相対化と方法論的課題．日本政治学会大会報告論文，2015.

9）谷口尚子，栃原修：価値観の変容とその決定要因の国際比較分析．東洋大学21世紀ヒューマン・インタラクション・リサーチ・センター研究年報，第13号，2016.

おわりに

あらゆる物事をシステムととらえ，新たにデザインし，継続的にマネジメントするための教育・研究を行なう，学問分野横断型大学院，システムデザイン・マネジメント研究科。書籍としては初めてその全体像を明らかにした本書をお読みいただき，ありがとうございました。いかがでしたでしょうか？

研究科設立10周年を目前に控えた今，初めて全教員が協力してまとめた本書は，慶應SDM内外の者にとってのひとつの道標となりました。統一した定義，一貫した内容を読者への指針として示した一方，具体的な事例は多種多様となりました。あらゆる物事を対象とする慶應SDMは，抽象度の高いレベルでは一貫性がある一方，抽象度を下げるほどに多彩になる学問分野であるということを再認識せざるをえません。では，それはデメリットなのかというと，そうではないと考えます。

つねに変化しつづける慶應SDM。唯一変化しないのは“変化しつづける”ということ。言い換えれば，完成しない大学院。学問は，完成したとたんに陳腐化していきますから。

抽象度の高いレベルでは統一的なビジョンを語れるけれども，具体的なレベルでは多様な解釈が存在し，議論が巻き起こるということは，まさに健全に変化しつづける学問分野であることの証しです。

各教員の執筆箇所は，「専任教員の顔ぶれ」のところで明記しました。それぞれの記述の責任は各教員にあります。つまり，具体的な記述は，慶應SDMの統一見解ではなく，各教員個々の見解です。この点をご理解いただいたうえで，本書をお読みいただければ幸いです。

また，お読みいただいた方のなかには，慶應SDMの別の側面をもっと掘り下げて論じてほしかった，というご意見をお持ちの方もおられるかもしれません。それもひとつの慶應SDM像です。

あらゆる物事をシステムととらえ，新たにデザインし，継続的にマネジメントする慶應 SDM。社会のニーズに対応し，未来をデザインする慶應 SDM。多様な問題を，多様なやりかたで，そしてその多様性を相互に認め合いながら，イノベーティブに解決していく慶應 SDM。これからも，進化しつづけます。

索引

た

な

は

ま

や

ら

わ

システムデザイン・マネジメントとは何か

2016年11月30日　初版第1刷発行
2020年 2 月10日　初版第3刷発行

編　者――――慶應義塾大学大学院システムデザイン・マネジメント研究科
発行者――――依田俊之
発行所――――慶應義塾大学出版会株式会社
〒108-8346　東京都港区三田2-19-30
TEL〔編集部〕03-3451-0931
〔営業部〕03-3451-3584〈ご注文〉
〔　〃　〕03-3451-6926
FAX〔営業部〕03-3451-3122
振替　00190-8-155497
http://www.keio-up.co.jp/
装　丁――――辻　聡
組　版――――新日本印刷株式会社
印刷・製本――中央精版印刷株式会社
カバー印刷――株式会社太平印刷社

Printed in Japan　ISBN 978-4-7664-2378-5